纺织服装高等教育"十三五"部委级规划教材

U0151459

现代服饰图案设计

修订版

汪芳 编著

Fashion Prints Design

东华大学出版社·上海

图书在版编目（CIP）数据

现代服饰图案设计 / 汪芳编著 . — 2 版（修订本）— 上海：东华大学
出版社，2022.1
　　ISBN 978-7-5669-2029-4

　　Ⅰ．①现… Ⅱ．①汪… Ⅲ．①服饰图案 - 图案设计 - 教材 Ⅳ .
① TS941.2

　　中国版本图书馆 CIP 数据核字 (2021) 第 280982 号

责任编辑：谢　未
版式设计：李衍萱

现代服饰图案设计 修订版
Xiandai Fushi Tu' an Sheji
编　　著：汪　芳
出　　版：东华大学出版社
（上海市延安西路1882 号 邮政编码：200051）
出版社网址：http://www.dhupress.dhu.edu.cn
天猫旗舰店：http://dhdx.tmall.com
营 销 中 心：021-62193056 62373056 62379558
印　　刷：上海万卷印刷股份有限公司
开　　本：889 mm×1194 mm 1/16
印　　张：10.25
字　　数：361千字
版　　次：2022年1月第2版
印　　次：2025年1月第2次印刷
书　　号：ISBN 978-7-5669-2029-4
定　　价：55.00元

序

　　"服饰图案设计"是相关服装院校"服装艺术设计"和"染织艺术设计"的一门必修专业设计课程，也是服装工程相关专业的一门课程。内容涉及与服饰相关的图案设计方法与造型样式，更与时尚息息相关，是时代文化的风向标。

　　服饰图案经历了人类漫长服饰文化的雨露滋润，其内容与形式已是缤纷多彩、包罗万象，今天的服饰图案以其多样的视角、靓丽的造型样式成为流行服饰中不容忽视的重要设计元素。它既张扬了服饰的设计个性，又丰富了服饰的视觉内涵，承载经典，标榜创意，赋予了服饰审美领域一番新异景象。

　　本书共分 10 个章节，分别从服饰图案的源流、审美、创作、造型、类型、技法、工艺、效果图以及服饰图案与流行色的内容来进行编写。本书立足内容的全面、系统，百余幅图例经典且具时尚感，将本书的要义做了形象化的阐述，在呈现给读者"理论、技巧"的同时，获得服饰图案的愉悦美感。本书既可作为相关专业课程的教材，也是服饰设计师的一本资料式手册。

　　在多年的教学与实践中，围绕服饰的"图案"设计一直是笔者的课题，也深刻领略了"图案"从内容到形式的气象万千。图案是服装设计的精华体现，更是文化与服装的连接点，每一个时代的流行都可以透过图案来呈现。今天，时尚瞬息万变，数字化与流行资讯充斥，服饰图案多姿多彩，拂去绚丽，我们依然可窥见其造型规律，以及内在的审美法则。对服饰图案设计的诸多要素进行梳理与总结，给予学习者与设计师以创作的启发，正是本书编撰的目的。

　　书稿撰写期间，笔者深度考察了纽约的服装服饰市场，尤其是对 Mood 面料专卖市场的考察，为本书的撰写提供了丰富的图像内容依据。

　　此外，书稿的编写要感谢美国纽约时装学院服装艺术设计 AAS 在读学生 Cher 的课题设计作品的提供；更要感谢前辈邵甲信先生，在笔者 2007 年编撰《服饰图案设计教程》一书时为该书梳理了中国 20 世纪作为中国重要的服饰图案发展地——上海的印染与图案设计资讯与脉络。先生在数年前逝去，在此寄上深深的哀思与怀念！同时要感谢东华大学出版社的谢未编辑，为我书稿的整体框架与版式提供了很好的思路。在此一并致谢！

汪芳

2021 年 12 月于上海

目 录

第一章 服饰图案历史源流篇

题记："如同食物和居所，服饰一直被看作是人类最基本的需要之一。"
——[美]玛里琳·霍恩

美国动物学家莫理士仁在著作《裸猿》中写道："穿衣服是人类成功的进化过程中所创造出来的最重要的制度之一。"在众多服装的起源说中，有"装饰说"认为，爱美是人类与生俱来的，在祭祀、图腾、巫术需要的同时，人类很早就用羽毛、贝壳、果核等来装饰身体，美化自己。随着社会的发展与人类的进步，与人体相关的装饰也越来越多样化和美观化，人类最初的许多实用品图案实例印证了图案是衣装的重要装饰手段，它与服装有着密不可分的关系。可以说，服饰图案是伴随着服装的进步一起发展起来的，在服饰图案的演进至完美成熟的漫长过程中，我们看到了人类文化与历史的发展进程。

1. 服饰图案的概念

《辞海》对"服饰"的释义为：衣服和装饰。《汉书·王莽传》中对服饰记载有："五威将乘乾文车，驾坤六马，背负鹫鸟之毛，服饰甚伟。"

图案：狭义上则指器物上的装饰纹样，广义指对某种器物或建筑实体造型结构、色彩、纹饰的设想，在工艺材料、用途、经济、生产等条件的制约下，绘制成的图样。

围绕服装及其装饰所出现的图案都称为服饰图案，其涉及广泛，内容不仅指衣、裙、裤上的图案，还包括鞋、袜、帽、包袋等饰品上的图案。随着服饰文化的发展，服饰已从最初的遮体保暖等基本需要和功能演化成具有更深含义的社会和文化现象，正如玛里琳·霍恩在著作《服饰：人的第二皮肤》中所说："服饰具有向他人传达个人社会地位、职业、角色、自信心以及其他个性特征等印象的功能。"

21世纪的今天，世界时装文化更是把服饰设计艺术推到了表现艺术个性的极至处，服饰品也可以超越一般的商品而成为名贵的艺术品，设计师赋予了服饰文化更多的是超越实用的精神和审美内质，其中图案起到了不可忽视的作用（图1-1～图1-4）。

2 | 3 | 4

左页图1-1：蝙蝠纹构成的"福寿万代"纹图案，中国清中期纳纱绣戏服男帔，作者拍摄于美国大都会博物馆。图1-2～图1-4：仿蛇皮纹、写意织物纹、羽毛纹，春夏服装印花图案，作者拍摄于纽约。

1.2 纹身与服饰图案

纹身是"古代民俗,在身体上刺画有色的图案和花纹"(参见《辞源》)。在原始艺术中,纹身与佩饰构成了人体的主要装饰艺术,服饰图案可谓纹身图案的一种延续和发展。撇开纹身的起源、内涵及功能等因素,就其造型特征而言,其与服饰图案有着密切的关系。

今天,纹身以及人体彩绘在世界各国流行,成为与着装关系最为紧密的图案之一。纹身已从远古时代的图腾崇拜演化成张扬个性、时尚前卫的价值体现,我们不妨将其看成附在人体肌肤上的"服饰图案"。

5		
6	7	8
	9	

图1-5～图1-9:印度传统纹手、玫瑰花纹身、动物纹纹身、脸部彩绘、非洲纹饰。彩绘或者刺青,这种用图案装饰自己身体的方式,因其来自远古的人类祖先,图腾的尊奉和祈福的膜拜更多地赋予了纹身图案美丽背后的一份神秘。不同的文化背景和多元的审美样式下,纹身所呈现的图像丰富而新奇。题材多样、造型广泛、表现独特的纹身图案,吸引了越来越多的人来追随这种疼痛的美丽,纹身艺术已成为时尚服饰中逐渐被重视的造型元素。

1.3 服饰图案的溯源

1. 以欧洲为代表的西方服饰图案

　　据记载，公元 11、12 世纪的俄罗斯和东欧国家，独具风格的民族服装就有在衣、帽、靴子上刺绣装饰图案。公元 11 世纪，"十字军东征"的骑士的背心上出现了绣有徽章式的图案。文艺复兴时期的西方服饰已呈现出完美的刺绣纹饰和花边图案，而在宫廷服装上，更是奢华地用宝石来装饰玫瑰花与动物图案。

　　伴随着 17 世纪盛行的奔放而绚丽的巴洛克艺术风格，在人物绘画作品中，蕾丝花边、刺绣图案充满于男装和女装，以及手套、长袜等饰品中。18 世纪欧洲范围流行的洛可可艺术，将西方的审美融进了东方中国的造型，服饰面料上出现了中国的花鸟纹、亭台楼阁、人物动物、吉祥文字等装饰图案，纤巧富丽中渗透着精致的图案。进入 19 世纪，工业革命带动西方服饰进入一个辉煌的历史时期，苏格兰的花呢方格、西班牙斗牛士的刺绣衣衫、瑞典女子的花布长裙、丹麦人的网绣亚麻衬衣……各民族服饰文化趋向成熟，形成丰富多彩的图案装饰世界。20 世纪初，时装设计概念在法国形成，欧洲成为世界服装设计的时尚领军地。20 世纪末，时装被形容成"万花筒"，设计师被形容成"满天的繁星"，然而在众多的时装作品中，图案依然是表达艺术风格的重要元素。

$\frac{10}{11}$

图 1-10：15 ~ 16 世纪，意大利威尼斯对比色鸟纹提花起绒织物教皇神父袍服。作者拍摄于美国隐修院。

图 1-11：俄罗斯植物纹古董蕾丝女装。作者拍摄于莫斯科红场古母商场收藏展。

2. 以中国为代表的东方服饰图案

据考证，关于中国的服饰图案在商代就有文字记载了。"冬日麑裘，夏日葛衣"，在几千年漫长的历史进程中，服饰图案也经历了其发展历程，成为中国古代艺术中最具魅力的艺术之一。中国商代的服装中，图案主要是装饰服装的领口、前襟、下摆、袖口、裤角等边缘的二方连续图案，图案的内容主要有回纹、菱形纹、云雷纹等抽象化的样式。到了战国时期，服装上出现了生动奔放的蟠螭图案，而云气纹更是成为经典的图案样式。长沙马王堆出土的纺织文物中的服饰图案，向世人展现了汉代的高水准织绣技艺的同时，也展现了其艺术魅力。作为中国历史中鼎盛时期的唐代，服饰图案的内容不仅有赋予寓意和想象的龙凤，还有极具真实感的花草图案，团花、缠枝纹呈现了丰满、圆润、华美的唐代审美意识。随着织造技艺和刺绣等手工艺的发展，宋、元、明、清时期的服饰图案更呈现出多元而繁荣的景象，不但有明清宫廷以图案的不同来区分等级的官补制度，更有谐音和寓意的"吉祥图案"充斥在各阶层的服饰中，图案的内容、布局与风格丰富多样。清代是中国服饰历史上发展的顶峰期，吉祥寓意图案成为服饰图案重要的装饰表现，清代宫廷服饰图案的达到很高的艺术水准。

广袤的地域、众多的民族，以男耕女织为经济特点的中国民间艺术中，服饰图案以其鲜明的个性、多样的形式和内容、丰富而精巧的工艺特色成为中国文化艺术中一朵绚丽的花朵。

喜庆的"比翼双飞新嫁衣"、百子纹刺绣马面裙、刺绣纹袖筒、肚兜、腕绣、耳套、荷包、绣鞋、鞋垫、抹额、盖头等，民间服饰中无不渗透着图案，花草虫鱼、飞禽走兽、才子佳人，或抽象或具象，或写实或写意，想象和现实构成了吉祥美好的图案世界，而中国少数民族的服饰图案也是异彩夺目：苗族的绣衣、侗族的头帕、藏族的氆氇、瑶族的筒裙……图案表现手法十分丰富，既有再现生活的写实，又有抒发心象的写意，可谓具象、抽象无所不包。

图1-12：刺绣百蝠纹女吉袍，清早期。蝙蝠团花祥云，二方连续式边饰与大身的蝙蝠大团花呼应，以百蝠寓意百福。作者拍摄于美国大都会博物馆。

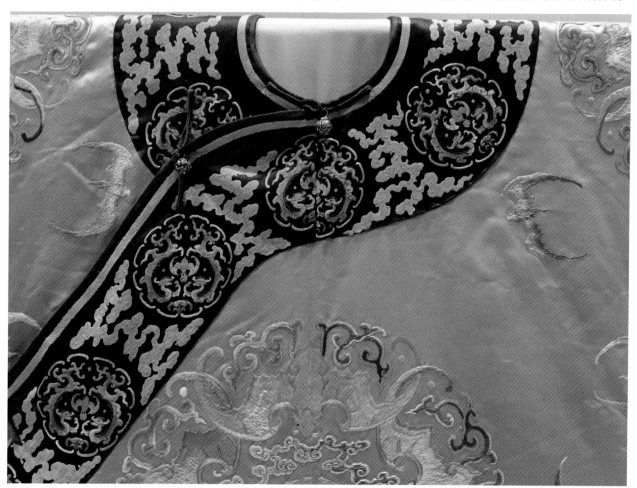

图 1-13：中国清代宫廷丝绸手绘花与蝶纹袜子，王银临摹。图 1-14：书法纹真丝印花时装女裙设计。作者拍摄于大都会博物馆"镜花水月——中国主题服饰展"。图 1-15 ～图 1-17：源自中国传统文化的鹤与梅纹、云鹤纹、墨竹纹的时装设计。

1.4 服饰图案的意义

1. 美与文化的体现

　　"人与其他动物的本质区别不在于人穿衣服，其他动物不穿衣服，而在于人能脱掉衣服，其他动物则不能做到这一点。"（《衣服论》，弗里克·吉尔）如果说服装使人类从荒蛮走向了文明，那么服饰图案是创造了服装艺术价值的重要手段。无论什么民族，或多么偏僻地域的简陋村寨，服饰都有着各种各样的图案。对美的追求是人类的共性，世界的每一个角落都有着自身丰富多彩的服饰文化，服饰图案更是加强和凸显了这种文化间的差异，使民族的艺术个性表现得具有活力而特色鲜明。在中国民间，女孩子常以穿"花衣服"为美，这里的"花"指的就是衣服上的图案，图案被视为"花"一般地美化、装饰了衣装，有了图案的衣服便具有了超越实用功能的美。

　　图案以造型等要素，借助服装载体，在完成装饰的同时，更是对文化与审美的传递。伴随着人类历史的发展，图案使服装具有了超越实用功能的美。图案不但成为构成时代标记的重要因素，还是区别各民族服饰差异的重要要素，也是张扬与表现设计师个性的设计要素之一。

$$\frac{18}{19|20}$$

图 1-18：生命树纹丝绸印花长巾设计。作者拍摄于美国大都会博物馆中国馆纪念品商店。

图 1-19：写意中国云、水纹、青花色调女装系列设计，谭燕玉（Vivienne Tam）专卖店，作者拍摄于纽约。

图 1-20：源自中国凤鸟纹刺绣手包。作者拍摄于美国大都会博物馆中国馆纪念品商店。

2.时尚舞台中永远的流行

　　进入 21 世纪，图案从形与色、工艺表现等方面都极大程度地彰显其个性与作用，图案以形与色迎合和满足消费者的心理需求，营造出各式时尚文化的视觉样式，成为时代标记的重要体现。全球最具实力与权威的趋势网站 WGSN，不仅专门为时装及时尚产业提供网上资讯收集、趋势分析以及新闻服务，还设有专门的服装流行图案主题板块，以确定和指导下一季服装与服饰流行的主题图案，以此强化服装文化的内涵和个性，图案也因此以不可替代的功能和意义，成为服饰文化的时尚与流行的重要构成元素，成为时尚舞台中永远的流行。

思考题、作业内容及要求

　　1. 查阅中外服饰图案史料，找出你最喜欢的一种服饰图案样式，做整理记录。

　　2. 体会图案在服饰中的作用和意义。

$$\frac{21}{22 \mid 23}$$

图 1-21：源自非洲文化主题纹饰的时装设计。
图 1-22：佩兹利纹饰装饰的人台。
图 1-23：图案装饰的时装小店。作者摄于美国长岛商街。

第二章 服饰图案审美篇

题记： "审美形式就是我们生活于其中的事物的灵魂。"
——[英] 鲍山葵

作为美学理论中的一个专属名词"形式美"，指的是客观事物和艺术形象在形式上的美的表现。对形式美的探讨几乎是各艺术门类的共同课题，也是服饰图案设计中不可缺少的重要章节。

就对"美"的理论而言，已成为一种庞大而深刻的课题，而就"美"的经验来看，则有着通俗感性的一面。正如乔治·桑塔耶纳在《美感》中写道：多少世纪以来，"人体"提供了一种比例与准则，人和动物的许多特征像是"经过设计"一般的完美，特别是人的脸，很大程度上影响着我们潜意识的合适感和秩序感，引导我们追求平衡与和谐，"我们的天性中必定有一种审美和爱美的最根本、最普遍的倾向"（图 2-1、图 2-2 ）。

左页图 2-1：花朵纹循环服饰图案。
图 2-2：苗族蚕龙纹二方连续刺绣领口装饰。作者拍摄。

2

图 2-3：对称纹非洲传统图案。作者摄于纽约自然博物馆非洲馆。
图 2-4：莫里斯设计的经典对称织物纹。
图 2-5 ～图 2-8：具象与抽象对称纹表现的服装图案。

3	4	5
6	7	8

2.1 服饰图案的对称美

对称图案又称对等、均齐图案。纹样相同或相似部分的相称组合样式，是平衡的特殊表现形式。主要表现为纹样的左右和上下对称、重复和相似对称。自然事物中大量体现了对称美，对称图案使视觉获得了稳定、平衡和秩序的美感，对称还使制作工艺、复制与生产更加便利。许多造型艺术设计都大量使用对称图案，也是服饰图案中最常见的一种表现形式，如领口、门襟、袖边等图案的对称设计。

古希腊美学家曾指出："身体美确实在于各部分之间的比例对称"，许多美学理论将对称说成美好的基本标准。自然事物中大量体现了对称美，不仅人体、动物的身体是对称的，植物的叶子、果实等也是对称的，更有趣的是，据说雄鸟在择偶时常常以羽毛的色彩对称而受青睐。可以说，人类在形式美方面最先发现和运用了对称美的原理，这在人类的早期艺术创作中体现得非常明显。我们住的房子、使用的器具、衣服结构等许多造型艺术设计都大量使用着对称，这不仅仅是为了制作工艺、复制与生产的便利，更是一种视觉的审美需要。而对称的图案更是给我们的视觉带来了完整和秩序，也带来了平衡，对称可以说是服饰图案中最常见的一种形式表现，图案的美感也因对称而获得了提升（图 2-3 ～图 2-8）。

2.2 服饰图案的和谐美

在《礼记·乐记》中有云："其声和以柔。"就是指艺术作品的一切组成部分有机地相互联系而形成的协调性，也就是把相接近的因素调和统一。在我们的身边，到处呈现出和谐的魅力。在服饰图案设计中，和谐是以形、色等诸方面体现出来的，在具体运用中，同一设计中的元素出现的种类越少，包括形状、大小、方向、色彩、肌理等要素越接近，呈现的和谐性会越强。而过分的统一也会减弱视觉的冲击力，出现平滞、后退的效果，所以审美中有了对比的产生。同时，设计师不仅要追求图案间自身造型语言的和谐，还要强调图案与服饰风格款式等因素的和谐，才可以获得真正的和谐美（图2-9）。

2.3 服饰图案的节奏美

节奏一词最初为音乐术语，指音响运动的轻重缓急形成了节奏，以此延伸到造型领域为：形象的诸要素周期性反复而形成节奏。节奏强调数序比例，在音乐中，节奏的均匀和规律的运动，决定了旋律的形成；在造型艺术中节奏感表现在形象排列组织的动势上，如由大到小，再由小到大；由静到动，再由动到静；由曲到直，再由直到曲等的排列，便形成了节奏，其中的规律性依然很重要。我国建筑学家梁思成在分析中国建筑中柱窗的排列所体现的节奏感："一柱一窗地排下去，就像柱、窗、柱、窗的2/4的拍子。若是一柱二窗的排列法就有点像柱窗窗，柱窗窗的圆舞曲。若是一柱三窗排列就是柱窗窗窗，柱窗窗窗的4/4的拍子。"艺术门类间的表现语言不同，但是艺术形式规律却是共通的，优秀的服饰图案设计也离不开节奏美（图2-10）。

2.4 服饰图案的均衡美

均衡，原指力学上的平衡状态，这里主要指服饰图案中图形与色彩在面积大小、轻重、空间上的视觉平衡，强调注重心理上的视觉体验。与对称相比，均衡其实更富有变化，更凸显自由和个性化，它是动态张力的平衡，又是静中的动态，是对称的变体表现。均衡常常表现在形体大小上的悬殊，但仍不失内在的相互关联与对应，它使视觉与心理获得一种等量感。均衡美是现代服饰图案设计中极其强调的一种表现形式，设计师运用图案的布局、造型、色彩诸多元素的巧妙经营，使服装呈现出个性的同时，也创造了均衡的美感（图2-11）。

9|10|11

图2-9～图2-11：以图案造型表现和谐、节奏、均衡美的服装设计。

2.5 服饰图案的对比美

图案通过形状、面积、色彩、位置、方向、肌理等呈现出性质的差异和对立,更鲜明地刻画纹样的特点,获得强烈的视觉效果。具体以纹样间冷暖、明暗、大小、曲直、粗细、刚柔、简繁、疏密、动静、规则与不规则、传统与现代等造型特点来呈现图案的对比,是服饰图案设计不可缺少的因素之一。值得强调的是,在感受对比激发出的审美活力的同时,仍需要关注服饰与图案整体的和谐。"浓绿万枝红一点,动人春色不须多"指的就是红与绿的色相对比,大面积的绿使红更为鲜明突出,却不失和谐与统一。在对比的运用中,量的把握或说面积的把握往往会显得至关重要,这也是艺术学习中对"度"把握的难点(图 2-12~图 2-15)。

图 2-12 ~ 图 2-15:以造型与色彩表现出对比美的服饰图案设计。

|12
13|14|15

2.6 服饰图案的比例美

比例，指事物整体与局部以及局部与局部之间的关系，同时彼此之间包含着匀称性和一定的对比，是和谐的一种表现。中国所谓"增之一分则太长，减之一分则太短"，说的就是比例关系。人体的整体形象往往是由各部分之间的比例关系和布局决定的，失调的比例会产生不舒适感，甚至是畸形感。对于比例，古时的建筑家认为"数字比例象征着神秘"，而在建筑设计上体现的才是比例的魅力，使我们领略到正确的比例关系，不仅在视觉上感到适宜，在功能上也会起到平衡稳定的作用。法国建筑家柯尔毕塞根据人体结构的比例与数学原理创立了黄金比，它体现了人类形态比例的最基本的恒定参照比值（人类发现：马和青蛙的骨骼中可以找到一系列的黄金比，它发生于腿骨间、脊柱、颈部和头颅间），被广泛地运用在生活中的许多设计中，如国旗、明信片、邮票、书籍、报纸等都采用了黄金比例。中国古代山水画中所谓"丈山、尺树、寸马、分人"，体现了对各种景物之间比例关系的合理安排。至于一款花卉图案的服饰设计，其比例美体现在花型的大小和空间的疏密度中（图 2-16）。

2.7 服饰图案的变化与统一美

寓变化于统一，是形式美中最基本的法则，是对形式美中对称、均衡、对比、比例、节奏等规律的概括。"变化"是不同事物运动发展产生的结果，"统一"则是同化性质运动的结果，是同一律的体现。"多样统一"在平衡了事物的对立面的同时，又保持了事物的丰富性。在服饰图案具体设计中，强调的是对各要素"度"的微妙把握，从而使图案关系达到一种理想化的境界（图 2-17）。

思考题、作业内容及要求

1. 收集有关表现各种审美样式的服饰图案实例，并加以整理归类。
2. 以服饰图案与审美为主题，运用 Power Point 手段完成图文并茂的分析报告一篇。

 16|17

图 2-16、图 2-17：以造型与色彩表现出比例、变化与统一美的服饰图案设计。

第三章 服饰图案创作篇

题记："要想设计出真正的纹样杰作，你需要独特的才华、纯净的心灵以及敏锐的观察力，才能感受到自然界中丝丝灵动，这就是所谓的时尚触角。"

——[意]服装设计师吉莫·埃特罗（Gimmo Etro）

服饰图案创作过程是孕育图案造型表现而进行的思维活动，其涉及图案内容、形象、色彩、编排、技法等表现形式的思考，结合丰富的艺术想象力和形式美法则，来实现对服饰图案的创作。服饰图案构思还受服饰的功能、季节、风格、工艺、成本，以及穿着者等因素的制约。通过对服饰图案设计目的的了解与认识，原始资料的收集与准备，构思的选择与完善，借助想象力与表达力，对图像素材进行加工或构建，多角度、多方位地渐进完成服饰图案设计。

左页图 3-1：源自中国风青花主题图案的马丁靴设计。作者拍摄于华盛顿商街。
图 3-2：郭培设计的源自中国青花瓷主题的女装。作者拍摄于纽约大都会中国主题时装展。
图 3-3：青花主题抽象纹夏装印花裙料设计。作者拍摄于纽约商街。 2|3

3.1 图案与写生

　　以服饰图案设计为目的，为收集自然图像而描绘物象进行写生的方法，与绘画写生不同，图案写生更注重对物象的主观认识和表现，多视点、多角度地对物象进行取舍选择描绘，强调结构与姿态的造型变化，或者强调微观纹理的组织表现，将观察与理解贯穿于写生的全过程，为服饰图案设计提供造型依据。

图 3-4 ～图 3-7：水彩花卉写生与花卉纹面料图案设计。
图 3-8 ～图 3-10：水彩羽毛写生与羽毛纹披肩图案设计。
右页图 3-11 ～图 3-16：花卉纹面料图案与裙装及卫衣设计。

3.2 图案与灵感

通常对"灵感"的定义为：人们在艺术活动、科学活动中，由于思想高度集中，情绪高涨，思绪成熟而突发出来的创造能力。灵感可谓艺术创作中的火花，是一件成功的设计作品的开端。在生活中，错落重叠的花瓣、果实剖面的纹理、昆虫的色彩……无尽的视觉资源启发着我们，成为我们创作的灵感来源。来自加拿大的设计师组合卡登兄弟：我们的灵感来源于那些通常来讲并不流行的东西。而毕业于英国圣马丁皇家学院的解构主义怪才时装设计师候塞因·卡拉扬说：我的灵感来源于人类学、基因人类学、移民学、历史、社会偏见、政治、转换和科幻小说，我想还有我的文化背景。时尚大师卡尔·拉格菲尔德则说：我的灵感来源于天地万物。只有一点：睁开你的眼睛！不难看出，擅于发现与挖掘灵感源是设计师必备的设计素质。深入对生活的体验，擅于对图像（写生、摄影等手段）记录的积累，体验优秀作品中的造型与视觉经验，广泛地吸纳传统文化素养，是增强创作灵感的最佳实现手段（图 3-17 ~图 3-22）。

	17	18
21	19	20
		22

图 3-17 ~图 3-20：19 世纪初超现实主义比利时画家雷尼·马格里特的一组作品。

图 3-21：源自雷尼·马格里特作品符号的卫衣图案设计。

图 3-22：源自雷尼·马格里特作品符号的服饰图案印花面料设计。作者拍摄于纽约现代艺术博物馆纪念品商店。

3.3 图案与想象

"想象"为在原有感性形象的基础上创造出新的形象的心理过程。爱因斯坦说："想象力比知识更重要。知识是有限的，而想象力概括着世界上的一切，推动着进步，并且是知识进步的源泉。"格式塔心理学派创始人鲁道夫·阿恩海姆进一步定义了想象活动在艺术中的功能："艺术想象就是为一个旧的内容发现一种新的形式……就是对事物创造某种形象的活动。"

想象决定了图案等艺术创作的直接表现，它是通过对过去的感触、感知、表象、感觉、印象的回忆，在头脑心灵中重新组合、判断、剪切、增删，并借用图案等艺术手段创造性地表现出来。可见，想象是人类一种十分可贵的心理品质，是一切艺术创作活动的源泉，它让创造力生长出翅膀，把一切虚拟、幻象变成了艺术世界中的可能，想象使思维变得多样性，使创作者的潜在思想更好地凸现出来，是图案等其他艺术创作活动中不可缺少的环节。翻开服装艺术设计史，充满想象的图案设计总是感染和打动着人们，成为每一个时代的艺术特征。难怪拉夫·劳伦说：我设计的不是服装，我设计的是梦想。

23 | 24 | 25
26
27 | 28

图3-23、图3-24：利用手部动态形成的服装创意图案，充分传达了想象的艺术魅力。

图3-25：利用人物与色块的组合表现的女装图案设计。

图3-26：日本设计师创作的刺绣宠物狗图案，很好地利用口袋与动物身体的结合，充满爱的想象。

图3-27、图3-28：以动物与骨骼表现的裤袜设计，图案在动态与形式结构上都赋予了产品高度的想象力。

3.4 图案与创作

1. 简化图案

格里斯在《风格问题》中写道："离开三维的写实，走向二维错觉，这是十分重要的一步；它把想象从严格遵从自然的掣肘中解放出来，让形式的修饰和组合有更多的自由。"简化图案是对原始物象进行概括、简练的处理方法，与繁化图案相对应。舍去图形的细节，通过直线与平涂的手法，以达到突出图形的对比与醒目特征。加之电脑绘图软件的普及，使其实现获得最大程度的便捷与高效，成为现代服饰图案表现的重要手段之一（图3-29～图3-31）。

2. 繁化图案

繁化图案是对原始物象进行联想式添加的处理方法，与简化图案相对应。对图形外轮廓或内部添加装饰花纹，以花套花、花叠花的手法，以达到突出图形的细腻华美的艺术特征。繁化图案的表现手法是服饰图案造型最突出的表现手段之一，中外服饰图案中都有很多的优秀案例，如佩兹利图案、中国吉祥图案等（图3-32、图3-33）。

图3-29、图3-31：简化表现的花卉纹女装设计。

图3-30：始创于20世纪中期的著名芬兰品牌Marimekko，运用简化手法表现的经典虞美人印花图案设计。

图3-32、图3-33：繁化表现的火烈鸟图案。

3. 图案与正负形

正负形又称"图与地"，为图形的名称。在二维的造型空间中，图形与空间相辅相成，相互作用得以界定和显现，通常将图形本身称为正形，将其周围的空间形称为负形，例如服饰面料中的花卉图案设计，花卉称为正形，周围的底称为负形。可以利用图形的正形和负形的互补效果构成图案，形成特殊的视觉效果，在整体图案结构中隐含两个小图形。空间关系上"图"在前，"地"在后，"图"具有积极向前的视觉张力，"地"则消极后退而虚幻、模糊，把"图"与"地"的分界线巧妙处理，正形与负形相互借用，两形共用边线，产生一种时而正形为图，时而负形为图的图案关系（图3-34～图3-38）。

3.5 图案的表现技法

1. 平涂图案

平涂图案指根据图形色块分割，用笔将颜色平涂其中，是图案中最常见和最基本的表现手法，分勾线平涂和无线平涂。平涂图案色块界线明确，衔接紧密，呈现出简洁秩序的数理美感，也有呆板而缺少变化的负面性。卡纸、水粉颜料与毛笔，是传统实现平涂图案的最佳材料与工具，而电脑软件是现代获得平涂图案的便捷手段。该手法常用于儿童服装以及潮牌服装等图案的设计中。

34|35|36
37
38

图3-34～图3-36：正负形和谐表现的时装图案。
图3-37：正负形共用边线鲸鱼纹印花图案。
图3-38：相同正负形的印花短裙图案。

2. 晕染图案

　　晕染图案指将各种颜色由深到浅，或由浓到淡渐次染出，也可通过色相从冷到暖的自然过渡，完成图形的塑造。分单色晕染和多色晕染，薄画法和厚画法，羊毛笔、宣纸、水彩纸等吸湿性纸张是表现晕染图案的适宜材料。晕染图案含蓄柔和、变化微妙，颜色透明生动，适用于花卉、鸟禽等具象图案的刻画，也适合抽象几何图案的表现。图案适合印染在丝绸质地的面料上，是裙料、围巾等图案的常用表现手法之一（图 3-39 ~ 图 3-43）。

图 3-39 ~ 图 3-43：晕染手法表现的具象与抽象印花图案。

3. 撇丝图案

撇丝图案指利用毛笔笔锋或笔肚拖绘出线条表现的图案。线的轻重、方向、转折根据物象的形态结构或生长规律来进行，工整细致地均匀过渡线条，刻画出物象的明暗、起伏等体积和面块。撇丝按用笔的大小分为小撇丝和大撇丝，常用长锋毛笔和扁型小化妆笔。在染织图案中，常见于塑造表现花与叶的形象与结构，表现出花叶的灵动美感，适宜运用于自然乡村等风格的服饰图案设计中。

<table>
<tr><td>44</td><td>45</td><td>46</td></tr>
<tr><td>47</td><td>48</td><td>49</td></tr>
</table>

图 3-44 ~ 图 3-49：多样撇丝手法表现的花卉印花图案与女装设计。

4. 喷绘图案

喷绘图案指将颜料调制成适当浓度，用喷笔或牙刷点，结合遮挡膜，对图形依次遮蔽进行喷制，形成图案。用喷绘塑造的花卉具有逼真自然的视觉特征；喷绘用作块面的色彩表现，具有细腻柔和的肌理效果。喷绘还可以超写实地表现物象，相对电脑、摄影等现代技法，所表现的物象更自然生动。

5. 拓印图案

拓印图案指利用现有的表面凹凸媒材，蘸上干湿、厚薄适中的颜料，在纸面盖印，留下媒材本身凹凸的纹理，形成图案；亦可把纸放在有凹凸纹理的媒材上，用柔软的布或纸敲打出其凹凸的纹理，形成图案。常见的媒材有：纱网、枯树叶、丝瓜瓤、揉皱的纸团、粗纤维等。拓印图案呈现细腻质朴、粗犷厚实、自然生动的视觉效果，是印花面料图案塑造主形和底纹常用的手法之一。

6. 拼贴图案

拼贴图案指利用现有材料，如纸张、印刷品、纤维、树叶、花瓣、蛋壳、线材等较为平面的材料，按图案造型需要，以剪拼组合代替具体的描绘，完成图案。拼贴图案可充分调动现材本身的质地与自然纹理，获得巧妙意外的形式美感。

图 3-50～图 3-59：以拼贴、拓印、喷绘表现的服饰图案设计。 $\frac{50|51|52}{53|54|55}$

思考题、作业内容及要求

1.思考怎样才能使艺术的创作灵感永不枯竭。

2.查阅具有想象力的服饰图案设计作品，体会想象带来的艺术魅力。

56|57
58|59

第四章　服饰图案造型篇

题记："爱好装饰与图案美是人的一种本能。"
　　　——画家、艺术教育家张光宇

4.1 具象图案

具象图案是指有具体形象的图案，是使人一目了然并能加以指认的图案，相对于抽象图案而形成概念，是图案的表现手法。传统的具象图案多为模仿自然物象的创作，现代具象图案强调把握物象的造型特征，进行概括变形的再创造。具象图案由植物、动物、人物、风景、器具等形象构成。具象图案是染织图案中较为常见的图案样式，尤其是随着印染工艺的发展，为具象图案的创造提供了广阔的空间，呈现出异常丰富的图案样式。本章对服饰图案中最常见的具象图案根据不同的内容做了以下分类。

1. 朵花图案

织物上的植物花卉表现，在中国的唐代已成风气，除牡丹、芙蓉、莲花、梅花、桃花、菊花、葵花等写实题材花卉图案外，还有意象化的宝相花图案。花朵因其美好的形态和寓意，一直是设计师乐于表现的主题，朵花图案更是服饰图案中最为常见的内容。在中国 20 世纪六七十年代，曾经风靡的"朵朵花"图案（通常套色少，花头大小为当时的5 分硬币大小）就是一个极好的例证。

朵花图案的构成，由花卉的花头为主要创作对象，运用丰富的色彩和多样的造型编排手法来完成图案的设计。无论是写实还是写意，平涂、撇丝、点绘、晕染都是服饰图案中朵花的常用手段，加之花朵的种类、面积、伸展角度、方向等诸元素的变化，使朵花图案千变万化，成为各个时期广受追捧的对象。图案的流行语言在变化，然而花卉依然是图案的重要主题，是一种永不枯竭的流行元素（图4-1～图4-4）。

左页图4-1：花卉千鸟格纹女装图案设计。

图4-2～图4-4：以朵花表现的服饰图案设计。

图4-3 作者拍摄于美国商街。

2 | 3 | 4

·设计提示：朵花图案的设计，在构图上运用规律性排列或对称的手法，以强调花朵轮廓的单纯性与饱满感，并对花瓣"微观"的斑纹肌理加以刻画，是一种有效的表现手法。

2. 折枝花图案

折枝花图案是描绘植物上截取的花与枝叶部分的图案，也泛指花与枝叶结合的图案。强调完整花朵与折枝的造型关系，以多样的穿插排列而形成画面的整体图案表现，是服饰图案中一种重要的造型图案。折枝花图案历史悠久，"联雁斜衔小折枝"（唐诗《织锦妇》，秦韬玉），"禁苑风前梅折枝"（唐诗《织绫词》，章孝标），这些诗句都是对织绣图案的折枝花描写，可见折枝图案在唐代就有记载了。中国的明清时期更是把折枝图案发展成一种极为普遍的图案，在欧洲18世纪的"中国风"服饰中可见其风貌（图4-5～图4-8）。

5|6
7|8

图4-5～图4-8：折枝花表现的图案设计。作者拍摄于美国商街。

· 设计提示：折枝花设计非常讲究花头与枝干的关系，枝干的走向是设计中最需用心考虑的造型因素，其表现直接决定了画面形与形之间的协调和图案的整体结构。传统的折枝花设计中，着重于花型和枝干的美学形式，并在诸多变化中求得统一性，现代设计多追求枝干的单一走向，花型多以正面展开，以强化花型的整体感，这给制作与剪裁也带来一定的要求。

9 |10|11
12|13|14|15

3. 簇花图案

　　簇，指聚集成团或堆，簇花图案指图案以聚集的花卉为表现的主题图案，图案可以由一种或多种花卉来构成组合，运用多样化的表现手段，形成或密集，或松散的空间对比，以营造丰富的层次和浪漫的情调，是表现乡村等自然风格服饰与家纺图案的最佳题材之一（图4-9～图4-15）。

·设计提示：簇花的面积可大可小，也可以不同大小的簇花排列在一个画面中，形成主次和空间关系。

图4-9：簇花定位图案表现的裙装设计。作者拍摄于美国商街。

图4-10～图4-15：多样式簇花循环图案面料设计。

拓展图案：玫瑰主题

　　玫瑰，为蔷薇科目的观赏植物。玫瑰栽培普及，造型繁多，色彩丰富，是最受人们喜爱的花卉品种。在中国，玫瑰也被释义为美玉，有"璧碧珠玑玫瑰瓮"（司马相如《急就篇》）和"其石则赤玉玫瑰"（司马相如《子虚赋》）。由于玫瑰的完美造型和美好的寓意，早在19世纪后半期英国维多利亚女王时代就有以玫瑰花为主题的维多利亚印花布。玫瑰一直是服饰图案的最佳装饰题材，称得上是服饰中最永久的流行图案之一。西方的情人节更是为玫瑰的流行带来了契机，玫瑰集古典、温馨、浪漫、优雅、淑女于一体，成为服饰图案中最广泛的装饰花卉（图4-16～图4-19）。

16 | 17
18 | 19

·设计提示：玫瑰图案应用面极其广泛，写实的、写意的、独枝大花的、满底小花的、对比色调的、柔和色调的……总能适合各种风格的服饰。

图4-16、图4-17：朵花玫瑰纹印花男装衬衫系列图案设计。作者拍摄于美国商街。

图4-18、图4-19：折枝玫瑰纹印花童装系列图案设计。作者拍摄于美国商街。

4.叶子图案

叶，草木之叶，叶子图案主要指以植物的叶子为创作对象的图案，包括木本、草本、禾本、藤本等植物的叶子，是植物图形的重要组成部分。"生命树较大，不易表现，有时选用一片树叶亦可代表生命树"（参见《中国丝绸艺术史》，赵丰）。从中国汉代茱萸叶纹、唐卷草、忍冬纹，以及流行于公元 3 至 4 世纪希腊、西亚和中亚地区的莨苕叶纹、棕榈叶纹，以叶子为表现对象的题材并不少见，较花卉、叶子在造型上更具有平面的装饰感，纤细的兰草叶、丰腴的龟背叶、边线缺刻的枫叶等，叶子的造型丰富多姿，各具特色，是服饰图案设计的极好素材（图 4-20 ~ 图 4-24）。

·设计提示：线条舒长且排列多变的叶子图案，非常适合运用在乡村自然风格的长裙、方巾等服饰图案设计上；小面积且秩序细密的叶子图案，则更适合于儿童或功能简洁的服饰产品中，同时也是主花型常用的辅助面料图案。

20 | 21 | 22 | 23 | 24

图 4-20 ~ 图 4-24：热带植物叶纹女装与面料设计。

5. 果实图案

指描绘果实的图案，由一种或多种果实构成图案。闭合的外形使果实具有了特殊的装饰感，果实的剖面更具多变有趣的图案纹理，丰富多样的果实图形组合，获得热烈华美的造型气息；稚拙饱满的果实外形可强调出果实图形的生动趣味性；果实的细部纹理刻画，可突出果核的秩序美感（图4-25～图4-29）。

· 设计提示：图案设计可以通过强调果实的细部纹理刻画，也可突出果核排列的秩序美感。果实图案是儿童与居家服饰图案创作的常用题材之一。

25 26 27
28 29

图4-25～图4-29：由多样果实组合的面料图案设计。

38

6. 树形图案

　　"一旦植物被用作装饰花纹，装饰的研究便显得踏实了。有无数种植物可被用作图案的基础，远远多于抽象、对称的形状……"（参见格里斯的《风格问题》）。作为植物图案中重要的树形图案是指以表现较为完整的树形枝态为内容的图案，造型强调树枝的转折多变，多以写实题材或理想化的造型为描绘对象。树形图案的起源可以追溯到西亚或美索不达米亚地区，而后遍及世界各地的生命树（也称圣树）图案。绿色的植物被看作是生命的象征，它传递了人类古老的植物崇拜与精神信念，有古波斯地毯、欧洲的被子、中国的汉锦等许多例证。

　　现代服饰面料中的树形图案，常以造型优美、外形规整的木本为对象，单元形或大或小，以或对称或错位的多样手段排列，成为裙料、男式上装等设计的极佳装饰图案（图4-30～图4-34）。

图4-30～图4-34：由多样树形组合的面料图案设计。

　　·设计提示：树形图案具有较强的方向感，尤其是大面积的树形，在设计时往往追求方向的统一，以多变的枝杆和细节的变化来营造图案的丰富性。繁密的树叶能使树形图案呈现出热烈华美的气息；而落去树叶的枝杆，则可获得宁静悠远的意境和简洁的造型美感。

7. 花与鸟蝶图案

指描绘花与鸟蝶构成的图案。由各种静态花卉与动态鸟蝶组合而成，赋予图案静与动的对比，营造出生动而浪漫的情调，成为一种经典的图形组合。中国素有以花与鸟蝶为表现题材的作品，丝绸图案的主流是花鸟蝶为构成内容，历史上的宋徽宗赵佶便是一位花鸟画高手，宋代的花鸟画十分闻名，并带动了纺织品中花鸟图案的表现。中国民间的"喜鹊登梅""凤穿牡丹"等图案，以优美的造型、吉祥的寓意，寄托了人们的思想情感，成为精神文化的一种载体，是被乐于表现的图案题材，也是日本印染、东南亚蜡染、英国的莫里斯等国图案的重要题材。18 世纪流行欧洲的"中国风"纺织品图案，以中国式的工笔花鸟图形，运用西方的色彩与造型组合习惯表现在织物上，成为当时的时尚与流行。优美生动的花与鸟蝶造型特征，已是世界范围内服饰图案乐于表现的题材，并一直影响到现在的"怀旧"风格的服饰图案设计（图4-35～图4-39）。

· 设计提示：在花卉与鸟蝶的图案设计中，可以根据创作者个人的意象来表现图形的主次关系，可以花为主体，鸟蝶为辅助点缀形，也可反之。

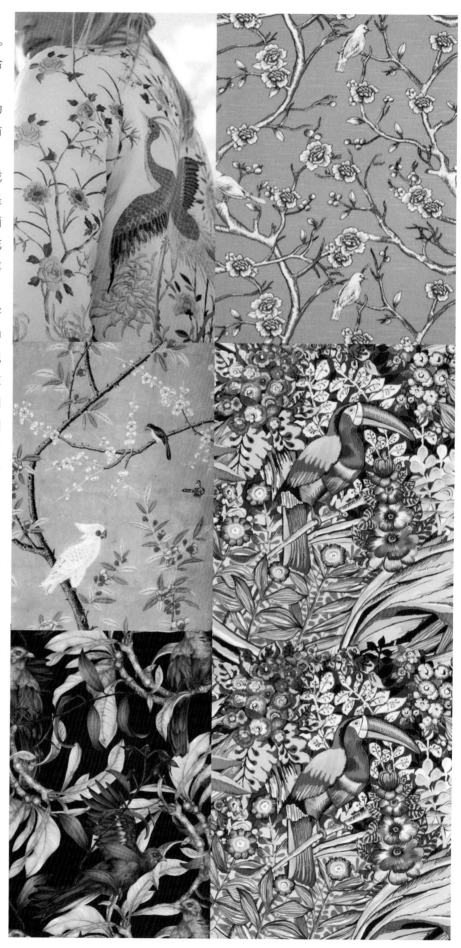

35	36
37	39
38	

图 4-35～图 4-39：由多样植物与鸟蝶组合的面料图案设计。

8. 鸟禽图案

　　指描绘鸟禽的图案。鸟禽因羽毛的天然图案样式，成为最具装饰美感的对象之一，鸟的动态结构也相对兽类动物要简单明确，易掌握而适合图案的表现。鸟禽造型丰富，或静或动，性格多样，结合疏密、方向、色彩等造型要素的表现，呈现出动感而醒目的图案特色。与鸟相关的服饰图案我们并不陌生，中国的明清文官官服补子就是以不同鸟禽来区分一至九品官位的，仙鹤、锦鸡、孔雀、云雁、白鹇、鹭鸶、鸂鶒、黄鹂、鹌鹑、练鹊被精致华美的织绣工艺呈现在服装中；如"百鸟朝凤"图案题材一直是中国传统纺织品最乐于表现的图案之一；而以鸡为图案的设计，在欧美的家居服饰或儿童服饰品中，也是常见的题材，营造出轻松有趣的生活情趣（图4-40～图4-44）。

　·设计提示：服饰品中的鸟禽图案，可以通过多数量的规律排列，也可以用夸张醒目的单独形来营造个性设计特征。

图4-40～图4-44：由多样鸟禽组合的面料图案设计。

40		
41	42	43
	44	

9. 昆虫图案

昆虫是动物界中最大的一个纲，在众多昆虫里，表现蜻蜓、甲虫等具有美感和趣味性形态的昆虫成为设计师的主要选择。蜻蜓的轻盈和透明的翅膀、甲虫的生动有趣和规则的外形，都是图案表现的极佳元素。中国传统素有对"花鸟鱼虫"的创作表现，虫多以点缀和烘托主体、丰富画面为表现目的（图4-45～图4-48）。

拓展图案：百蝶纹

中国传统装饰图案百蝶纹以数只蝴蝶构成图案。以蝶喻"耋"，象征吉祥长寿，于明清开始流行，用于装饰年长女性的服饰。图案布局匀称，色彩明丽，以蝴蝶翅膀变化表现动感，服饰中以掐金满绣工艺的百蝶女上装最为著名。

·设计提示：昆虫图案在传统服饰中通常表现为儿童纺织品面料设计，如今，昆虫也成为设计师打造时尚和个性的造型选择。

45		
46	47	48

图4-45、图4-46、图4-48：由多样昆虫组合的面料图案设计。
图4-47：百蝶纹印花童裙图案设计。作者拍摄于美国商街。

10. 走兽图案

　　走兽图案主要指以描绘四足的哺乳动物为对象的图案。在人类发展长河中，人与动物（走兽）一直有着最紧密的关系，人类对走兽的图像表现已有几千年的历史，从世界艺术史中我们可以找到大量的走兽图案，中国明清的武官官服补子就有以狮子、虎、豹、熊、犀牛、海马等动物来区分官位的。

　　走兽图案的表现可以从动物本身动态与性格入手，如虎豹的威猛，骆驼、牛的沉静，小动物猫、兔的活泼可人等；也可从造型上强调局部——头部的五官刻画，或抓住动物瞬间动态的剪影式造型，这些都是服饰图案中常见的造型表现。走兽图案是儿童服饰中最常见的图案内容，设计师更多表现的是动物的可爱、顽皮、善良的一面，使服饰图案与儿童的天性和谐统一（图4-49～图4-54）。

·设计提示：在环保主义的世界大背景下，走兽图案可谓追求时尚的标新立异设计师的新宠。

49	50	51
52	53	54

图4-49～图4-51、图4-53：由多样走兽组合的服饰面料图案设计。
图4-52、图4-54：走兽纹印花童装图案设计。作者拍摄美国商街。

11. 水族动物图案

水族动物图案主要指对鱼的造型表现，鱼纹早在新石器时代中国河姆渡文化的陶器上就出现了。鱼纹题材一直被广泛地运用在服饰和各类装饰中，造型平面而规整的鱼，很容易进入装饰化的图案语汇，热带鱼更是天然的装饰图谱，成为服饰图案取之不竭的创作源泉。海洋动物图案的设计要把握好外形、数量、面积、方向、色彩、肌理等造型元素，其间的适度感直接决定了图案的整体效果（图4-55～图4-59）。

· 设计提示：在对多数量的鱼进行排列时，最需要注意的是鱼的方向表现，而过多变化的方向会使画面显得杂乱无章。

55	56
57	58	59

图4-55、图4-56：印花章鱼纹水桶包及面料图案设计。
图4-57～图4-59：鱼纹刺绣图案设计。

拓展图案：爱动物主题

  自 20 世纪中期国际爱护动物基金会创立以来，越来越多的人意识到保护动物就是保护地球家园，与动物和谐共处的爱护动物理念深入人心，也影响和带动了以动物为主题的服饰图案潮流。以野生动物、家养宠物为主题的动物图案成为一种时尚，以数码印花、刺绣等工艺表现在 T 恤、衬衫图案、针织衫等各年龄的服饰产品中（图 4-60 ～图 4-64）。

图 4-60 ～图 4-64：以印花、刺绣、贴布绣表现的动物纹定位、循环服饰面料图案设计。

12. 人物图案

据记载，在中国唐代就有表现人物题材的纹样织物了，到了明清时期，"戏婴图""百子图"的服装更为普及，称此图案为托物兴意手法，表现了人们对多子多福的一种向往和追求。中国的民间一直有把人物纹样刺绣到肚兜、荷包、衣帽等服饰用品上的习惯，仕女、仙人、孩童等人物造型，十分丰富。在欧洲的18世纪服饰中，人物图案也十分流行，具代表性的有法国的朱伊图案和欧洲的"中国风图案"。

作为服饰图案，人物虽不像花草这么常见，却也是人们乐于隆重表现的题材。近现代的服饰中，人物图案作为主体图案并不常见，一般人物图案会结合风景来表现，或者以表现童趣出现在儿童服饰中。当今的时尚服饰越来越多地出现了以人物图案为主体的作品，人物图案成了反映设计师心灵诉求和艺术主张的重要表现手法（图4-65～图4-69）。

·设计提示：夸张变形的人物图案是儿童服饰中较常见的图案题材。欧美20世纪初就有很多表现童话人物的儿童布艺图案，成为当时的流行装饰。结合丰富的想象元素来表现人物图案，是现代服饰设计中的一个重要特点，加上部位与工艺的强调，更可体现人物图案特殊的艺术魅力。

65|66
67|68|69
图4-65～图4-69：以印花、刺绣、立体拼贴等工艺表现的定位、循环格式的人物服装图案。

70 | 71 72

拓展图案：狩猎纹

　　狩猎又称捕猎，是人类早期的一种为食物和毛皮捕杀野生动物，并发展成娱乐活动的一种行为。狩猎与古人的生活息息相关，更是男人的生活和勇敢的表现，狩猎纹也就成了一种英雄气节的象征，为人们所崇尚。中国历代许多器物都有以狩猎纹为装饰的图案，在隋唐时期已成为服装的流行图案。狩猎纹在造型上多以简洁的外形勾勒出追赶野兽的场面，或是征服野兽的男人（图 4-70 ~ 图 4-72）。

图 4-70：源自西方绘画的圣母人物主题印花裙装图案。
图 4-71、图 4-72：狩猎主题印花方巾与裙料图案。

13. 器具图案

器具以其丰富多样的造型特色和文化社会表象，一直是艺术家乐于表现的题材，流行数世纪的静物画就足以说明器具图形的魅力。早在中国的宋元时期就出现以描绘器物的杂宝纹织物，到明清时期对器物表现的织物则呈现出成熟的图形风格，有"八宝""八吉祥"（通常定义为佛教的用具组成）。源自明代的"博古纹"织物图案也十分流行，主要由插有古画或花卉的瓷瓶、古书、铜器、仪器等器物组成，以表现"雅好博古，学乎旧史氏"的人生态度（图4-73～图4-76）。

·设计提示：现代服饰中，以日常生活器具为主要描绘对象的图案，通常被运用在家居和儿童服饰设计中。服饰图案设计中的器具通常采用重复和规律性排列，来营造丰富而不失秩序的视觉图像。

拓展图案：食品图案

食品图案的构成和造型样式与器具图案较相似，由于其题材和内容的缘故，食品图形成为儿童服饰图案中乐于表现的题材，尤其在西方国家，丰富多彩的冰淇淋、布丁、蛋糕、汉堡包、糖果等食品图案深受儿童的喜爱，同时也非常适用于家居服饰，使食品图案成为极其常见的图案内容（图4-77）。

·设计提示：食品图案的表现手法通常采用平涂加勾线或点绘进行塑造，使图形具有简洁而立体的造型美感，色彩明丽也是其重要特点。

图4-73～图4-77：以手机、眼镜、乐器、家具、工具、汉堡等器具、食物构成的印花、刺绣面料服饰品图案。

14. 自然元素图案

自然元素图案是指描述日月、土、水、风、火、雷电、光等大自然范畴的图案，主要有水纹、云纹、星宿等图案，中国传统文化赋予了自然元素以丰富的文化内涵。中国龙袍中的十二章纹、海水江崖纹等是对自然元素图案的最好阐述（图4-78）。

拓展图案：云纹

云纹是中国著名的吉祥纹样。在古代社会，自然天象的云，与农业活动关系紧密，成为传达吉祥征兆且具有文化和艺术表象的纹样，中国的各朝各代创造了形象丰富的云纹，成为器物、织物的重要装饰纹饰。商周有云雷纹、先秦有卷云纹、楚汉有云气纹，隋唐有朵云纹、如意纹，明代有四合云纹、行云纹等。云纹造型细腻生动、立体而富有动感，表现在中国古代龙袍图案、民间服饰等织绣中，寓意如意与高升，是最具中国代表性造型元素的图案之一。

15. 场景图案

场景图案主要描绘以景构成的人物、动物、建筑、自然风光等造型的图案，通常表现劳作、节日等与人类相关活动的场景。以场景图案表现的服饰产品是现代服饰图案常见的表现题材，法国的著名朱伊纺织图案是经典的代表图案。图案造型丰富，或写实或写意地营造人文或热闹喜庆的氛围（图4-79～图4-81）。

图4-78：以海水纹构成的女装图案。
图4-79～图4-81：以丰富的自然风光与城市面貌及人文细节构成的印花场景服饰图案。

79 | 78
   | 81
80 |

49

16. 风景图案

风景图案主要是由自然风景和建筑风景构成的。在中国，早期的刺绣风景多被用以烘托花草动物，到了清代，开始出现织造风景的丝绸，多样的刺绣手法加强了风景图案的表现力。风景以团花型式出现在裙摆上最为多见，有著名的"西湖十样锦"；还有女子马面裙上的马面，用妆花方法织出亭台楼阁、柳岸曲桥及烘托出湖山景色的人物；而运用刺绣工艺的腕袖，更是把戏曲与传说故事中的人物置于一派景色中来叙述。1922 年由都锦生先生命名创办的杭州都锦生丝织厂，以风景织锦缎闻名遐迩，后也被发展成四方连续纹样运用于服饰设计中。欧洲 18 世纪的朱伊图案与"中国风图案"也都有描绘风景的许多图案佳作。现今服饰中的风景图案虽不如花草这么频繁亮相，但风景图案更多地呈现出追求个性和新颖的视觉样式（图 4-82 ～图 4-90）。

图 4-82 ～图 4-86：以城市建筑物构成的各式女装与男装图案。

|82|83|84|
|85|86|87|

图 4-87：以白描印花手法表现的独幅建筑图案，应用于运动男夏装。作者拍摄美国商街。

右页图 4-88 ～图 4-90：以写意、写实手法表现的山水、阳光下的树木自然风景图案。

右页图 4-91、图 4-93：以织造与印花工艺实现的几何图案。

右页图 4-92：以提花工艺实现的几何线条纹，线条通过粗细与疏密的方向变化，形成动感的空间感。作者拍摄于美国商街。

·设计提示：建筑风景因地域与文化差异，成为表现文化风情的图形载体，而自然风景更包含了丰富的图像资源，为图案设计提供灵感，成为服饰设计师的钟爱。风景图案因图形构成相对复杂，设计时应注意空间的疏密和单元形的适中，过于密集而小的图形不利于图案的刻画与表现。

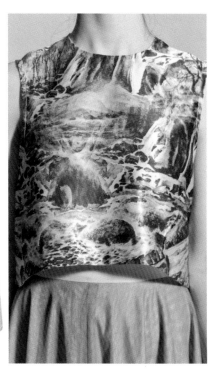

4.2 抽象图案

图形的抽象化极易造成观者纯形式的想象，中国早在唐代丝绸上就出现具有抽象形态的寓意纹样：马眼纹、鱼目纹、水波纹、龟甲纹、菱花纹、方纹纹、双胜纹、万字纹等。抽象的点线面，撇开了形象的语言，更能单纯地体现纯形式的造型语汇和装饰形态，是许多艺术家钟爱的表现手法，是服饰图案中占据重大篇幅的图案类型。

1. 几何图案

由直线、曲线形成的抽象图案，包括正方形、三角形、圆形等。构成元素以简洁而规整为特征，表现出简洁、严谨、比例、节奏、秩序的美感，具有强烈的视觉特征。几何纹一直是许多民族传统服饰中重要的图案之一，通常与织造和编织等工艺相结合，图案与制作工艺构成相互关系。现代印花工艺为几何纹提供了更为自由的表现手段，随意多变的几何纹体现了抽象图案的魅力，被广泛地应用于各类现代服饰设计中（图4-91~图4-93）。

88│89│90
91│92│93

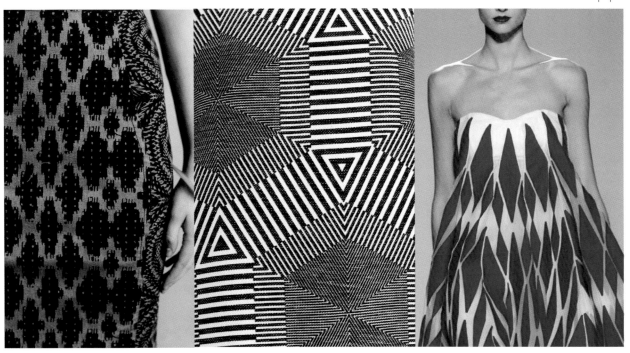

2. 点纹图案

点纹图案虽不及格子和条纹图案那么广泛运用于服饰中，但也有其广泛流行的一面。点纹图案最常见的是圆点，通过大小变化和规律的排列，获得动感或秩序化的美感。在欧洲，有一种被称为波尔卡圆点图案（Polka，一般概念为：同一大小、同一种颜色的圆点，以一定的距离均匀排列），它来自捷克的一种民间舞曲，曾盛行于 19 世纪的欧洲各地，这种节奏轻快奔放的舞曲被发展成色彩明快鲜艳、活泼跳跃的波尔卡圆点图案，被广泛使用在平面设计和服装、包袋等产品中。在西方，圆点图案还被马戏的客串丑角使用，以配合角色的诙谐和活泼个性（图 4-94 ~ 图 4-99）。

94|95|96
97|98|99

图 4-94 ~ 图 4-99：以规则、不规则的点纹，通过并置、交错、重叠、渐变等样式编排，并以印花、镶嵌、刺绣工艺实现的点纹服饰图案。右图：通过粗细、曲直、疏密、方向，并结合绘画工具表现的蜡笔线、水彩线等样式的条纹服饰图案。

·设计提示：点纹图案在儿童服饰中的使用，最能反映出儿童的天真和俏皮，这是由点的视觉特性决定的。小而规则化排列的少套色圆点图案，也具有秩序严谨的美感，运用于职业装、男士领带等产品中。

3. 条纹图案

在最原始的手工织机上，变化纬线的色彩就可以轻易获得条纹图案，所以条纹图案古老而普及。中国民间有土布条纹和西藏的氆氇衣饰条纹图案，西方有糖棒条纹（Candy stripe）、睡衣条纹（Pajama stripe）等。条纹图案以简洁而神奇的变化，一直深受设计师的钟爱。以针织著称的意大利设计师米索尼（Missoni）从20世纪50年代一直到现在，用其代表性条纹演绎了一个精彩的服饰图案世界。条纹以曲折、疏密、方向、宽窄、色彩等造型元素的变化，配以丰富的材料和工艺，形成多彩的条纹图案。条纹图案设计最适合用机织工艺完成，因图案和色彩的变化宽泛，适合不同的消费人群，被广泛地运用在各种针织衫、袜、围巾等服饰设计中（图4-100～图4-103）。

100 101
102 103

图4-100～图4-103：各种条纹图案设计

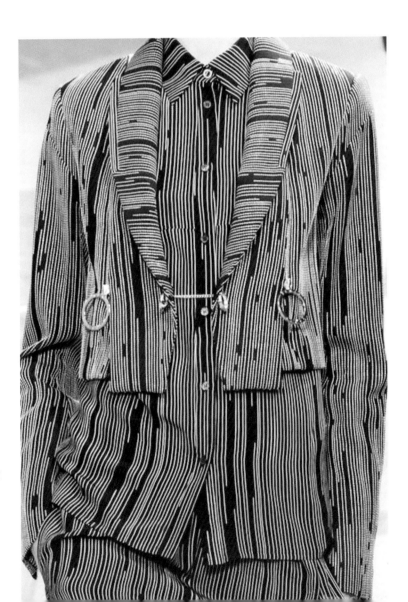

·设计提示：条纹图案因其有很强的视觉方向感，形成通常的着衣规律：体型肥胖者不宜穿横条纹的服饰，体瘦者则相反。

4. 格子图案

阿洛瓦·里格尔在《风格问题——装饰艺术史的基础》一书中写道："几何风格最简单而又最重要的艺术图案最初是由柳织和纺织技术产生的。"格子图案的产生和发展伴随着人类纺织业的发展而广泛地被应用在服饰设计中。编织技术的发明与进步造就了格子图案的艺术形式与色彩风格，格子图案可谓种类繁多而风貌不一。在西方，有"苏格兰格子""柳条布""方腿格子纹""狩猎俱乐部格子""乡村格子纹"、千鸟格子等，其中苏格兰格子图案更被视为是一部大英帝国的历史，体现了民族的文化内涵。在 20 世纪 70 年代文化封闭的中国就有极其流行的"朝阳格"图案（一种白底单色直线交成的小方格图案，最常见的色彩有红、绿、蓝、黄、紫）。格子图案以其变动线条的宽窄、角度、疏密、色彩以及与其他元素的组合，具有传统和现代的双重个性，而被广泛运用于各种类型的服饰设计中，深受各种人群的喜爱，成为服饰图案中永远的流行元素（图 4-104）。

拓展图案：千鸟格子纹

又称犬牙格，传统衣料图案。以方框为结构，结合似犬牙的锯齿形，也似飞翔的鸟形，呈规则排列构成图案，底为黑色，鸟形为白。千鸟格源自苏格兰高地的牧羊人格纹，织造成图案微凸的苏格兰呢，19 世纪初流行于英国上流社会，为绅士们喜爱的裤子图案，直到近代才成为女装的常用图案。千鸟格子纹具有对比而和谐、严谨而秩序、简洁而繁密、传统而现代的艺术特征。千鸟格子纹传统上通常织造成厚重的织物，后也应用于轻薄的印花面料上，色调进行了拓展，有黑与红、黑与绿等搭配，广泛应用于职业套装、休闲裙装以及包袋、领带等服装服饰设计中。迪奥其著名的黑白千鸟格图案成为经典样式，其他品牌也纷纷推出相关题材的图案形式（图 4-105）。

104
105

图 4-104：Celine 品牌 2014 年秋冬款、
源自格纹编织袋的长款大衣图案。

图 4-105：同类色压花千鸟格纹女装图案。

苏格兰格子纹

　　苏格兰传统衣料图案。由不同色彩的经纬交成粗纺毛织品，以黑、白和饱和的黄、红、蓝、绿色的任何色彩搭配成纵横交错的格子图案，常用于裤料和裙料设计中。苏格兰格子纹被视为表现大英帝国的历史书，注册的格子图案多达几百种，其中有以姓氏命名和代表家族的格子纹，并有每到喜庆佳节，男女老少都穿有代表家族的格纹服饰舞蹈狂欢的习俗。现今苏格兰格子纹种类和穿着范围变得更为广泛，结合羊毛、纯棉、薄纱等面料，广泛地运用于休闲装与时装设计中。

棋盘格纹

　　形似围棋盘，黑白或有明度变化的两色方格几何图案。图案块面适中，秩序交错排列，呈现简洁明快、雅致大方的艺术特性。在美洲，印第安人将循环的黑白棋盘格纹视为象征夜与昼的交替、大自然的转换，并运用于上衣等织物中。现代棋盘格纹多以机织工艺表现于毛昵、棉麻等织物上，主要用于女裙等设计中。

菱形纹

　　通常指对角线相互垂直且平分的格纹。格子大小适中，以黑红、黑白、灰白等两色交错为特征，20世纪30年代起广泛地用在高尔夫球袜、学生装、短袜，以及男式毛衣或背心前片，成为传统衣袜款式的图案。后发展有大小菱形重叠图案，配色也更为丰富多样，应用的范围也扩大到女性服饰。

图4-106～图110：各式色彩组合的格纹女装服饰图案。

图4-111：牛皮压花工艺的格纹图案设计。作者拍摄于美国Mood面料城。

106｜107
108｜109
110｜111

5.肌理图案

在包豪斯执教的约翰·伊顿在他的教学笔记式著作《造型材料和质地的研究》中写道："发现新的手工技艺和新的质地，因而也就更加能创造出具有独特材质感的作品来。"

肌理原指人的肌肤组织、形态特征。杜甫《丽人行》中有"肌理细腻骨肉匀"的词句。肌理一词源于拉丁文 texture，即"纹理"。《牛津词典》对肌理一词这样定义：织物经纬之排列，织物、表皮、外壳等表面或实体经触摸或观看所得之稠密或疏松程度。服饰肌理图案特指追求各种质感和纹理的图案形式。

艺术设计诸门类最终都离不开技法的表现，而不同的肌理构成的丰富的视觉与触觉，给服饰图案设计带来了无限的遐想空间。自然材质中肌理的真实感、节奏感、随意性、和谐美，以及其天然原始的特性，为设计师提供了最好的创作灵感（图4-112～图4-117）。

| 112 | 113 | 114 |
| 115 | 116 | 117 |

·设计提示：肌理的制作与表现，强调的是材料的运用和手段的表达，不同材质和手段呈现的视觉特征也是丰富多样的，善于发现和创新，就可创造出千变万化的肌理图案。

图4-112～图4-116：各式印花肌理图案服饰设计。

图4-117：牛皮压花工艺的肌理纹图案设计。作者拍摄于美国的 Mood 面料城。

6. 综合抽象图案

综合抽象图案指由各种抽象点线面组合的图案，它们剔除物象的概念，以直线、曲线、涡形线等组合的面，结合徒手、平涂、晕染等多种手法，配以不同的材料与工艺呈现丰富的造型样式。并以无主题性与强烈的形式感，成为传统而兼具现代感的服饰图案。

康德说"没有抽象的视觉谓之盲，没有视觉形象的抽象谓之空"，剔除或剥离掉物象的概念时，形体和空间便倾向于形式的纯粹化。无论是刚毅的直线还是柔美的涡形线，无论是平涂的色块还是肌理化的表达，抽象图案以手法多样、材料与工具的多重选择，为我们展示了抽象图形的无穷魅力，成为服饰图案中强大的流行力量（图 4-118 ~ 图 4-120）。

·设计提示：抽象图案由于无主题性与强烈的形式感，使其在创作中可以很好地发挥技法的特点，同时结合小面积的具象图形作为点缀，也是一种常见的表现形式。

图 4-118 ~ 图 4-120：由刺绣、缀绣、印花工艺实现的各种造型组合而成的综合抽象服饰图案设计。

4.3 传统图案

　　据《现代汉语词典》的释义，"传统图案"可定义为：世代相传、具有特点的图案艺术。传统图案代表着一个时期的文化和审美，具有经典的涵义。传统图案有苏格兰格子纹、波尔卡圆点纹等抽象图案，缠枝纹、棕榈叶纹等具象图案，以及佩兹利纹、中国吉祥图案、日本友禅纹、非洲蜡防纹等。传统图案是形成服饰历史的重要要素之一，多样的造型反映了各民族文化和审美，具有经典的样式和丰富的内涵。现代服饰设计中，传统图案最易表现文化感和民族性，结合流行色彩、技法表现，以及新型的款式、工艺、材料等要素，传统图案在继承的基础上又获得了全新的阐释和发展。山本耀司曾说，"真实时装与高级时装，昨天与今天。我用双手将高级时装的荒谬可笑与真实时装的单调乏味融合在一起，就像为新的烹饪创造出一道时装沙拉"。不愧是一种对待传统的设计态度（图 4-121 ~ 图 4-124）。

121
122	123
	124

125|126

1. 缠枝花图案

　　传统装饰植物图案。将常青藤、扶芳藤、紫藤、金银花、爬山虎、凌霄、葡萄等藤蔓植物的枝茎表现成波状、涡旋形或S形，并缀以叶子、花卉，动物等图案，构成二方连续或四方连续图案样式，寓意美好吉祥和延绵不断、生生不息。在中国，缠枝纹兴起于宋代，以元、明、清三代尤为盛行，枝茎与不同的花卉组合而得名为缠枝莲花、缠枝牡丹、缠枝宝相花等，表现在许多传世服饰用品中。同时，缠枝纹还影响了中亚和西亚地区的装饰图案，并盛行于欧洲，广泛地运用在服饰图案设计中。缠枝纹以波卷缠绕的结构、花叶繁茂的造型样式，为追求优雅和唯美的女性钟爱，成为经久不衰的服饰图案之一（图4-125、图4-126）。

·设计提示：现代服饰设计中，缠枝花以其优美繁密的造型样式，而被广泛地运用在服饰图案设计中。传统的缠枝花在时尚的服饰图案中依然魅力不减，这取决于其本身的造型和结构，当然，新的流行元素的介入也是重要因素。

左页图4-121～图4-124：源自传统元素，利用印花、刺绣工艺表现的服饰图案。
图4-125、图4-126：缠枝结构组合的面料图案设计。

2. 中国吉祥图案

　　以隐喻、象征等手法，结合谐音、想象等含蓄地表现出具有吉利意味的纹样组合。图案包括：莲花、牡丹、梅花、宝相花等植物纹样；龙、凤、喜鹊、鱼、鸳鸯、麒麟等动物纹样；八吉祥、八宝等器具纹样；回纹、联珠纹等抽象纹样；以及莲花和鲤鱼组合寓意"连年有余"纹、喜鹊、梅花组合寓意"喜上眉梢"纹等各种谐音组合纹样。图案可追溯到商周，宋代为成熟期，盛行于明清时期，反映了中国政治、文化、风俗、审美、心理、理想等综合体现的典型图案，是中国传统服饰中应用最多、最广的图案样式之一（图4-127～图4-130）。

127|128
129|130

131

· 设计提示：散发着浓郁东方气息的中国吉祥图案，深受世界时装设计师的青睐，同时也赋予了吉祥图案新的艺术生命。

拓展图案：团花图案

　　中国传统装饰纹样。外形圆润成团状，内以四季花草植物、飞鸟虫鱼、吉祥文字、龙凤、才子佳人等纹样构成图案，象征吉祥如意、一团和气。团花图案隋唐已流行，常见于袍服的胸、背、肩等部位，至明清极为盛行，成为固定的服饰图案，有"四团龙"纹、"四团凤"纹、"八团龙凤"纹等。在服饰面料应用时，团花图案可分为两种：无底纹的清团花图案和与底纹结合的混团花图案。团花图案多以放射、旋转、对称式等为结构，配以刺绣工艺，多彩光洁的丝线使图案呈现出精美细致、饱满华丽的艺术样式（图4-131）。

· 设计提示：团花图案因其外形相对独立完整，在设计时要避免图案整体的零碎和不连贯，常见有运用底纹穿插做平衡，或者强化团花之间排列的秩序感。此外，团花间用色的呼应与调和感也是设计中不可忽视的要素。

左页图4-127～图4-130：由中国传统云鹤纹、鱼纹等构成的定位与循环格式的服饰图案，寓意长寿、年年有余的吉祥含义。
图4-131：清代服饰图案。由牡丹、兰花、梅花、菊花等四季花，八宝纹、如意纹、云纹、蝴蝶等构成的团花图案，象征四季平安吉祥如意。

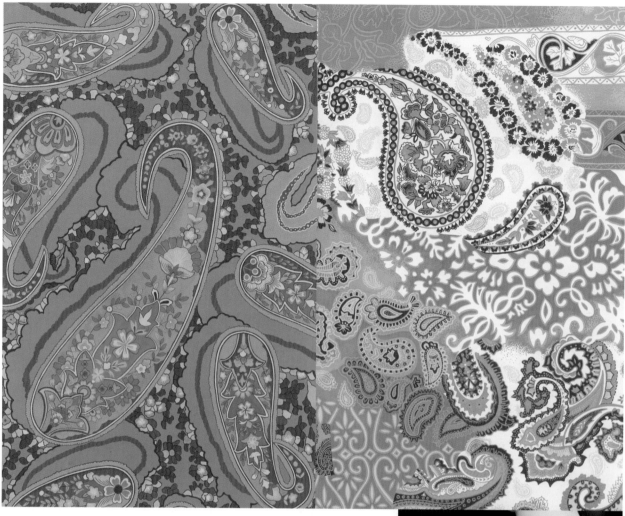

3. 佩兹利图案

佩兹利纹样（Paisley）的原型来自于生长在东南亚和印度的藤本植物，其果实累累的涡旋造型构成基本图形。寓意吉祥美好，绵延不断，具有细腻、繁复、华美的艺术特征。佩兹利图案最初由克什米尔人用提花和色织工艺表现在披肩上，18世纪初的苏格兰西南部的佩兹利城市发展了机器织造业，使该图案的披肩、头巾、围巾远销世界，佩兹利图案也因此得名。而佩兹利图案也有其形象的名称，如中国称为"火腿纹"，日本称为"勾玉纹"，非洲称为"腰果纹"等。

伴随着服饰文化的发展，今天的佩兹利图案已渗透在各种服饰设计中，可谓数百年来流行不衰，成为世界性图案，被喻为最具有传统经典与现代时尚两重特性的图案。佩兹利图案结合每一季的流行元素，在纹样的大小疏密和色彩的变化下，呈现出迷人的艺术魅力（图4-132～图4-134）。

·设计提示：佩兹利图案有着很广泛的适应性，无论女装、男装还是童装，无论是正装还是休闲服饰都能见到其芳踪。

图4-132、图4-133：经典佩兹利图案演绎的面料图案设计。路丛丛、王独伊设计。

图4-134：佩兹利与色块组合的裙装图案设计，在时尚中演绎出传统的艺术魅力。

132|133
|134

4. 夏威夷图案

夏威夷图案源于美国的夏威夷群岛，在中国也称"阿洛哈"花样，自1961年开始流行。特殊的地理和人文环境，形成了独特的夏威夷图案，旅游业更推动了夏威夷图案的发展，使其以印染的衣料及服饰行销世界各地。夏威夷图案多以扶桑花、椰子树作为主要纹样，并配以龟背叶、羊齿草等热带植物以及生活景物、海洋生物为背景和辅助图案，同时在纹样间点缀土著语（阿洛哈——ALOHA，意为"欢迎你"或"再见"）与英语单词。夏威夷纹样通常以大花型，配置明快对比的浓丽色彩，艺术风格十分独特（图4-135～图4-138）。

·设计提示：由于夏威夷独特的地理气候特征，夏威夷纹样最多表现在男式夏装和女式裙子等服饰设计中，与海洋沙滩构成和谐的视觉效果。
图4-135～图4-138：由热带阔叶植物、扶桑花、沙滩及人物组合的夏威夷服饰图案。

135|136
137|138

5.日本友禅图案

日本传统和服上特有的一种图案样式。由樱花、竹叶、兰草、红叶、牡丹等植物纹与扇面、龟甲、清海波、雷纹等器物、几何纹组合成图案。图案源自日本江户元禄时期盛行的友禅染，由扇绘师宫崎友禅斋创造并得名。以糯米制成的防染糊料，在衣料上进行图案描绘再染色为技法，形成多彩华丽的手绘纹样。友禅图案深受中国禅宗美学思想的影响和文化渗透，体现了日本民族的审美情趣，被视为日本民族代表图案而流行于世界。友禅图案以主与次、虚与实、密与疏的适当表现，融合了淡泊与热烈、华美与素简、丰富与内敛的艺术特征，成为和服的重要图案样式。现代机器化印染为友禅纹的批量复制提供了便捷，而价格昂贵的传统手绘友禅和服制作工艺依然被日本保留（图4-139、图4-140）。

139|140

·设计提示：内容和题材十分广泛而复杂的友禅图案，主与次、虚与实、密与疏等恰当的关系处理，使友禅图案获得了丰富的视觉图像，却不失完美的秩序感。

图4-139、图4-140：少套色与多套色构成的日本传统纹服饰图案。
右页图4-141～图4-143：以水、山、樱花纹等构成的日本友禅和服图案。

6. 东南亚蜡防图案

以蜡液防染的东南亚国家传统服饰图案。主要图案有传统的细雨纹、纺织纹、藤编纹、流水滴答纹、果实剖面纹、火焰纹、神蛇纹、皮影人物纹、双翼纹、补缀纹、蝴蝶纹、回教经文、石榴纹、柿蒂纹、松子纹等，源于中国的麒麟纹、凤凰纹、水牛纹、以及各种吉祥瑞兽纹等，源于欧洲的花草纹、飞禽纹、花束纹、补缀纹、轮船纹、火车纹、童话人物纹等；背景纹由鱼鳞纹、谷粒纹、蛛网纹等构成。东南亚蜡防图案产生于18世纪，是当地妇女手工制品，以小型黄铜工具，蘸蜡液在布上勾勒图形，再染色脱蜡，工序次数由套色的数量决定。传统图案多来自自然和宗教，每款花型集众多纹样，具有寓意与象征性，写意而富有装饰，多以白色、棕色、靛蓝、紫红为套色；源于欧洲的图案呈现写实而优美的造型特色，色彩艳丽丰富。由于图案曾为宫中御用布料，造型呈现细腻精致而华美的艺术特色。图案流行广泛，有缅甸、泰国、马来西亚、新加坡等国家，其中以印度尼西亚的爪哇蜡防图案为著名，深受非洲、印度、欧洲等地人们的喜爱，成为传播甚广的服饰图案。用于男女纱笼、妇女的胸巾、头巾、披肩，男子休闲阔裤、包头巾，裹兜小孩的褓褓"更冬布"等（图4-144）。

·设计提示：东南亚蜡防图案已成为一种固定的经典图案样式，出现了一种"仿蜡防"的机印图案，降低了制作成本，更大地推动了东南亚蜡防图案的普及。

图4-141～图4-143：少套色与多套色构成的日本传统纹服饰图案。
图4-144：由动物纹构成的印尼传统蜡防图案。

144

65

7. 非洲蜡防图案

  非洲以蜡液防染而形成的面料图案。以块面感的花卉、动物和抽象图形配以底色的细线蜡纹构成图案。非洲的蜡染工艺由埃及或东南亚传入，风格热烈奔放、粗犷刚健、深沉拙朴，与木雕等艺术品构成了非洲民间艺术样式。以靛蓝、深褐、米黄为主要套色，单纯而强烈，结合天然棉或麻纤维，运用于男女服饰设计中。现今非洲蜡防更多以高效率的机印为工艺手段，图案仍追求手工蜡防的造型样式（图4-145～图4-150）。

·设计提示：如今，非洲蜡防图案更多以高效率的机印为工艺手段，而其特色性的图案样式却在时尚服饰中广泛使用。　145|146

图4-145、图4-146：非洲传统蜡防图案的时尚表现。
右页图4-147～图4-150：印花非洲蜡防图案。
右页图4-151、图4-152：由藤蔓、花朵、叶子构成的莫里斯纹样印花方巾设计（局部）。作者拍摄于美国大都会博物馆纪念品商品部。

8. 英国莫里斯图案

　　威廉·莫里斯创作的一种装饰织物图案。以银莲花、莨苕叶、雏菊、郁金香、蛇头花、葡萄树等植物的花朵、叶子、藤蔓与鸟纹等构成的图案。图案源于19世纪中叶的英国，以威廉·莫里斯为代表的新艺术运动，针对机械化生产高度发展，产品审美下降而产生的哲学思想和设计理念，创作了大量的棉印织物设计作品。造型特点：布局细密、骨格对称、叶形舒展、花型饱满、鸟禽灵动、配色雅致，结合勾线与平涂等表现手段，使莫里斯图案成为欧洲流传广泛的经典图案，出现在现代服饰面料设计中（图4-151、图4-152）。

· 设计提示：平涂与勾线表现的莫里斯图案优美而华丽，是女性与休闲装的经典图案题材。

9. 法国朱伊图案

朱伊图案，注册的法语名为：la toile de Jouy，源于18世纪晚期，当时位于巴黎郊外的朱伊（Jouy）小镇，由一个德籍年轻人开设的棉布印染厂，生产一种原色棉布上进行木版或铜版的印染图案，其特点是以风景作为母题的人和自然的情景描绘，精细地刻画出人物、动物、植物、建筑以及神话故事等形象，图案层次分明，色调以单色相（十多种色相中，以蓝、红、绿、米色最为常用）的明度变化，印制在本色（米白色）的棉布或麻布上，呈现古朴而浪漫的人间情愫，是绘画艺术和实用艺术结合的艺术典范。朱伊布曾受到当时路易十六的"王室厂家"的嘉奖，朱伊布也流行于当年的宫廷内外。如今，朱伊镇的朱伊布博物馆向世人展示了朱伊布昨天的辉煌和今天的时尚应用（用朱伊布制作成上衣、裙装、裤子、包袋乃至内衣），新开发的朱伊布尝试在单色基础上运用靓丽的纯色块，而传统的单套色以其经典的艺术风格依然深受人们的喜爱（图4-153）。

·设计提示：朱伊图案属于最具"绘画感"的服饰图案之一，图形复杂、形象繁多，并多以正向图形表现，统一的套色和手法使图案极具协调感。

图4-153：传统朱伊印花布图案。

图4-154～图4-159：由圣诞老人、雪人、圣诞花、冬青树、花环、麋鹿等构成的圣诞图案印花面料。

154	155	156
157	158	159

图4-160～图4-164：以南瓜、孩子、猫头鹰、蝙蝠、骷髅、花卉等构成的万圣节图案印花面料。

10. 节日图案

圣诞图案

描绘圣诞节题材的图案。由圣诞老人、雪人、天使、驯鹿、雪撬、鸽子、钟、糖果、花环、冬青树、常青藤、蜡烛、玩具、圣诞帽、长袜、礼物盒、雪景、星星、字体、节庆花边等形象构成的图案。圣诞节是基督徒庆祝耶稣基督诞生的庆祝日，为基督教历法的传统节日，是现代西方国家表达新年快乐和祝愿的重要节日。圣诞图案传播广泛，是现代生活中不可缺少的装饰图案，也成为服饰面料的重要造型。图案简洁明快，装饰感强，其中最典型的是红绿色调。主要运用于儿童服、滑雪衣、帽子、手套、靴子等防寒衣物以及家居服饰用布中，也用于与圣诞节相关的活动服饰中（图4-154～图4-159）。

万圣节图案

描绘万圣节题材的图案。由南瓜灯、稻草人、女巫、鬼怪等形象构成图案。万圣节是西方传统的"鬼节"，南瓜灯称为杰克灯，并装扮为憨态可掬的笑脸，呈现诙谐而充满想象的艺术魅力，广受儿童的喜爱。图案主要运用于儿童和家居服饰用布，也用于万圣节相关的活动服饰中（图4-160～图4-164）。

图 4-165 ~ 图 4-170：由印花、拼布实现的色块与纹样组合的补丁图案在服装中的运用。

| 165 | 166 | 167 |
| 168 | 169 | 170 |

11. 补丁图案

以补丁状连接有纹饰块面的图案。补丁图案源于美国流行的古老绗缝工艺图案和中国民间的"百衲衣""水田衣"图案，在图形组织上模仿绗缝拼接的形式，把花卉、格子、条纹、色块等小块图案按规律排列在一起，并在块面的交接处模仿缝缀的针脚，形成丰富有序的图案样式。应用于儿童服饰和家居服饰设计中，也适合现代追求随意和乡村怀旧感的服饰设计（图4-165 ~ 图4-170）。

· 设计提示：在现代的时尚服饰图案设计中，补丁组合图案的块面大小也随设计师的特定形式要求而变得十分随意，其总体协调性往往是通过调和的色彩和秩序的排列来实现的。

12. 镂空与剪影图案

以镂雕块面或剪刻边形塑造形象的图案。由植物花草、动物人物、建筑场景等具象形象构成图案。图案源于剪纸、剪影以及蕾丝图案艺术，造型简洁明快，多以单色平涂的图形与底色形成对比，白与黑、白与红等套色最为常见。以机印为工艺，结合四方连续、二方连续等形式，运用于各式男女服饰面料设计中（图4-171～图4-176）。

图4-171～图4-176: 以花卉、场景、抽象纹组成的剪纸图案，结合印花、贴布绣、植绒等工艺运用在服装图案设计中。

| 171 | 172 | 173 |
| 174 | 175 | 176 |

13. 光效应图案

　　又称视错图案。以精确的骨格交错变动而形成的抽象图案。图案源自20世纪50年代的欧普艺术（Optical Art），以放射的波纹形和扩散的色块，结合黑与白等简洁套色，刺激观者的视觉，产生错觉和律动的幻觉，同时具有颤动、迷闪乃至晕眩的幻象。图案以奇幻的空间效果，获得抒情的意味，是影响广泛的艺术样式。光效应图案与服装结合，可以使形体的部位产生缩小或者放大的视觉效果，使服装具有另类的前卫风格，被维克多·瓦萨雷利和川久保玲等著名服装设计师选择应用在作品中（图4-177、图4-178）。

　　·设计提示：光效应图案具有很强的视觉冲击力，其赋予服饰更多的是现代而另类的前卫风格。

14. 针织图案

　　是指由针织工艺产生的特有的编织纹样，如麻花纹、人字纹、扇子纹、菠萝纹等，特别是手工棒针所形成的纹理。图案可以不拘泥工艺与结构、面料，以放大的结构与纹理表现的印花针织纹是时尚服饰图案的表现方式之一（图4-179）。

15. 蕾丝图案

　　蕾丝图案是源自欧洲传统的一种纯手工工艺，机织蕾丝的出现改变了传统贵族消费的身份，更使其从花边式的服饰局部图案变成了服装的面料图案。蕾丝图案细腻华美、高贵典雅，成为服饰图案的重要表现样式。印花工艺实现的蕾丝图案不拘泥图案的工艺限制，却呈现了蕾丝图案的经典样式——单纯的套色下丰富的图案内容，适用于各种休闲风格的女性服饰设计中（图4-180～图4-184）。

　　·设计提示：运用印花的手法来表现传统的手工蕾丝图案，可不受制作成本和工艺的限制，依然获得蕾丝图案的视觉美感。

图4-177、图4-178：以印花、拼布实现的立体错视图案。

图4-179：以提花表现的针织纹女装图案。

右页图4-180～图4-184：以印花、机织蕾丝表现的四方连续、二方连续纹样的裙装图案。

177
178 179

180 | 181
182 | 183 | 184

16. 文字图案

　　用文字构成的服饰图案，主要由汉字、英文字母、阿拉伯数字等各种文字组成图案。在中国，文字图案早在汉代就出现于织物中，明清时，"喜""福""寿"等喜庆吉祥的文字图案已频繁地出现在服饰中。汉字、英文字母构成的图案具有秩序和简洁的装饰特性，文字既传达本身的含义，也是图案设计的装饰元素。随着现代信息的高度发展，文字图案除了装饰作用外，也是服饰品牌的宣传和表达的符号，成为服饰的流行图案样式，被广泛地应用于T恤、男式衬衫、童衫等服饰面料中（图4-185 ~ 图4-190）。

　·设计提示：作为图案元素的文字，既可以独立组合，亦可以成片的报纸式文字构成图案，或密或疏，具有秩序和整体的美感，简洁而不乏趣味性。

185
186 187

图 4-185 ~ 图 4-187：以五线谱、字母表现的裙装、方巾及男装夹克图案。

右页图 4-188 ~ 图 4-190：以字母多样的组合形成的服饰图案。

4.4 流行图案

　　这里的流行图案指传播迅速而盛行一时的图案。图案的内容、造型、表现手法，受限于每个时代的文化、审美、生产工艺等因素。20世纪以来，服装文化尤为凸显流行性，图案是其中的要素之一。流行图案具有极强的时效特性，与时尚结伴，给人以耳目一新的感觉，是追求新奇另类人群乐于接受的图案样式（图4-191、图4-192）。

图4-191、图4-192：美国时装店试衣间——以印度传统织物图案表现的布帘、沙发椅，以及传统手工艺扎染纹图案的布帘，营造出个性化的服饰产品商业店面形象。作者拍摄于纽约商街。

188|189|190
191|192

75

1.动物毛皮图案

模仿天然动物毛皮花纹的图案。由豹纹、虎纹、鹿纹、斑马纹、蛇纹、鳄鱼纹、花牛纹、长颈鹿纹等动物毛皮纹构成图案。毛皮是人类最古老的衣料，先民用其遮体保暖和装饰身体；毛皮曾是贵族特权和身份的象征，动物毛皮图案的出现与应用促使"毛皮"走进大众的服饰生活，也是人类"动物保护"意识觉醒的体现。动物毛皮图案造型丰富，线条、斑点、块面等基本形以重复、近似、渐变等方式构成图案，呈现秩序、和谐、节奏、对比等审美特征。同时，毛皮图案具有温暖柔和、自然野趣、华美缤纷的视觉意义，结合长毛绒、棉布、丝绸等材料与印染工艺，配合服饰款式，营造出远古怀旧或现代时尚的气息，流行于各季服饰产品中，广泛地适合各种人群（图 4-193 ~图 4-197）。

·设计提示：将千变万化的天然毛皮纹理进行多样的组合排列运用于服饰设计中，视觉呈现的是温暖柔和、自然野趣、华美缤纷和远古的怀旧情调，却不失现代和时尚的气息，这成为毛皮图案始终被置于流行行列的重要因素。

图 4-193、图 4-194：印花循环格式豹纹、虎纹图案。
图 4-195 ~图 4-197：多样式印花蛇皮纹图案。作者拍摄于美国 Mood 面料城。

193	194	195
	196	197

2.迷彩图案

迷彩图案又称伪装图案。用自然近似色表现的不规则色块组合的抽象图案。最初用作军事伪装服图案，由绿、黄、褐、黑等相近色组成，以模仿野外景物和仿生学的特性，使穿着者获得隐蔽和保护的视觉意义。图案以色调的变化分为夏季和冬季两类图案，夏季为林地型迷彩图案，冬季为荒漠草原色。结合军装，迷彩图案使端庄的军服获得了自然和俊俏的气息，深受酷爱旅行郊游和运动的年轻人的青睐，成为时尚流行图案的一种样式，被广泛地应用在休闲等服饰风格设计中（图4-198～图4-202）。

·设计提示：迷彩图案最适合休闲而前卫的服饰风格，图案的组合面积可以根据设计的要求变化大小，也可以适当调整小面积的色彩，以加强对比的视觉效果。

图4-198～图4-202：印花循环迷彩纹表现的各式图案。

198
199 200
201 202

3. 标识图案

标识图案又称 LOGO 图案。以简洁明确的符号或文字构成，作为企业和服装品牌的专用标志，以宣传和扩大品牌的影响力。标识图案历史悠久，在中世纪的欧洲士兵盔甲上就运用了标识图案，而欧洲的贵族也都有家族的标识性徽记图案。标识图案有结合机绣等工艺，以定位图案的方式运用在服装的侧胸、领部、裤腰、帽檐等非视觉中心但较主要的部位；也有以印花工艺，结合连续循环纹样的方式运用在服装和包袋等服饰面料设计中。耐克的勾纹、路易威登的"LV"等都是服饰中成功的标识图案案例（图 4-203）。

203|204
205|206

4. 矢量图案

矢量图案是由电脑技术绘制的图像，随着电脑绘图软件的普及与实现图形的便捷，矢量图案已是服饰图案中常用的图案表现样式，被各种快时尚的服饰产品选用。矢量图案外形简练，高度概括地表现具象与抽象图案，形成规律性的符号化图案，如对称、重复是最常用的图案特征。矢量图案表现的服饰产品，图形直白明了，适宜表现儿童服装、家居服、运动装、T恤等休闲运动型服饰产品（图 4-204 ～图 4-206）。

·设计提示：当今，面对庞大的数码矢量图库，对于设计师来说，原创表现的图案设计显得尤为珍贵。

图 4-203：印花表现的循环格式标识图案。

图 4-204 ～图 4-206：印花、刺绣表现的矢量服饰图案。

204|205
206|207

5. 骷髅图案

　　指以表现人体或动物内部骨骼的图案，最常见的是头骨与全身的骷髅图形。随着世界时装天才大师亚历山大麦昆的系列骷髅图案服饰品设计的推出，使骷髅图案成为流行与时尚的特殊符号。在人类的发展史上，骷髅图形并不是鲜为表现的造型题材。从远古以此为战利品标志，到欧洲中世纪的宗教象征的"死亡之舞"主题绘画，宗教中起舞的骷髅、哥特的带有阴森而诡异的骷髅，更有海盗标识，以及当代艺术中骷髅形象的表现。骷髅形象逾越了单纯的死亡符号，宗教与文化艺术赋予了其更多的内涵（图 4-207 ～图 4-212）。

　·设计提示：骷髅图案因为造型样式更适宜于表现街头、朋克风格，以及 T 恤等快时尚的潮牌服饰品图案设计中。

207|208|209
210|211|212

图 4-207 ～图 4-212：以骷髅为主题元素、结合多样式造型与工艺表现的骷髅服饰图案。

6. 卡通图案

来自动画片或漫画的卡通图案，在当今的流行服饰设计中是常见的图案题材。它以主题化的造型与个性化的图案样式，获得了强烈的视觉效果。在表现手段上，有图案大小与位置醒目的定位图案，也有传统的四方连续图案。卡通图案最常见于儿童服饰设计中，表现流行而深受儿童喜爱的形象，同时，伴随着成年人对儿童时光的怀恋，卡通图案也被成年人接受和喜爱，表现在 T 恤等休闲服饰设计中（图 4-213 ～图 4-216）。

图 4-213 ～图 4-216：以动物、人物、器具等构成的多样式卡通服饰图案。

| 213 | 214 |
| 215 | 216 |

7. 趣味图案

以传递有趣的、特殊趣味的、幽默的,甚至奇思妙想意象的图案,成为服饰品中的亮点图案。图案题材包罗万象,以富有创意、新异而吸引人眼球为特征,同时,图案在趣味中传递使人快乐的情绪,也表现出积极的人生观或者文化意味(图4-217～图4-223)。

·设计提示:趣味图案的设计源自设计师的丰富想象力与创作力,也依赖设计师对图像的恰到好处的表达能力。

·设计提示:随着设计观念的改变,卡通图案也成为成年消费者喜爱的图形而被运用,使服饰设计因此多了几分轻松和俏皮。

217 | 218
219 | 220
221 | 223
222

图4-217～图4-223:以定位格式的动物、人物肢体、五官、器具等构成的多样式趣味服饰图案。

8. 绘画风图案

绘画风图案又称"美术图案",是把绘画流派中典型的作品直接搬到服饰上,或写实或抽象的绘画作品通过结合面料材质和织物款式,呈现出新的视觉意义,成为时尚服饰中的亮点。绘画作品所具有的艺术魅力,以及名画效应,使服饰中的绘画风图案醒目而充满艺术感染力(图4-224~图4-227)。

·设计提示:绘画风图案也是世界各大博物馆纪念专柜的必备服饰产品,印有该博物馆的藏画的产品有雨伞、T恤、围裙等,以满足游客的消费心理。作为图案创作素材的绘画作品形象,图形越大,完整性越好,视觉冲击力也越强,而简洁的现代派绘画的抽象符号更适合连续图案的表现手法。

图4-224~图4-227:以画家卢梭、毕加索、日本绘画以及西方中世纪绘画构成的服饰图案。

224|225
226|227

9. 数码影像与照相写真图案

　　具有照相般写实的图案。以政治人物、影视明星等时代象征的人物或被关注的物象构成图案。图案受照相现实主义绘画流派的影响，利用摄影技术和数码技术的处理，以扑捉现实中瞬间的视觉图像，以追求和表现对哲学与人生的思考，也可以记录每个人生活中最珍贵的人事与物象。图案流行于 20 世纪 90 年代的服饰中。图案以花型大、独立完整的样式，表现于服装主要部位：上衣前胸或后背、裙的下摆、或裤腿上，剪裁简洁的 T 恤衫或直筒裙成为较常运用的服装款式。图案的产生和流行很大程度上依赖电脑和印染技术的发展与普及，是时尚另类服饰的代表图案之一（图 4-228 ~ 图 4-231 ）。

· 设计提示：照相写真图案往往被表现在服装较完整的部位中，如衣或裙的前胸、后背或者下摆以及裤腿，因而 T 恤衫和直筒裙成为较常运用的服装款式。

228 | 229
230 | 231

图 4-228 ~ 图 4-231：以动物、植物、人物构成的数码影像与写真服饰图案。

10. 涂鸦图案

由文字、色块、线条等组成的图案，笔触生动、色彩艳丽，追求徒手随意涂抹与书写感的图形效果。图案源自20世纪60年代的美国涂鸦艺术，在公寓的墙上或地铁车厢外围创作作品，以表达对社会的看法和立场。涂鸦图案造型自由、结构松散、肌理丰富，呈现奔放、稚拙的艺术特色，应用于年轻男女的T恤等时尚休闲服饰设计中（图4-232 ～图4-239）。

设计提示：水笔、马克笔、喷漆等是营造涂鸦图案的重要工具，随意生动的图案极富表现力，是街头时尚风、朋克风等服饰理想的图案表现语言。

图 4-232 ～ 图 4-237：以人物、文字及抽象线条表现的涂鸦服饰图案。

232 | 233
234 | 235

图 4-238、图 4-239：以人物、动物及文字等符号表现的手绘涂鸦男装长款
服装图案。作者拍摄于纽约买手商店。

11. 插画风图案

插画风图案源自书籍、商业海报、贺卡等的配图，也称插图的一种表现图形样式，以图画形式配合文字，传递文学或商业功能的主题思想。插画艺术的历史悠久，可追溯到远古的洞窟壁画，以及民间流传的木版年画，以图的手段，记录和传递人类的活动和丰富的精神活动，表现故事与情节是其重要的一个特征。插画艺术风格多样，用途广泛，已成为读图时代的今天一种重要的图像传播形式。以插画风样式表现的服饰图案，不但具有图像的情节感，在编排上更适应服饰图案的样式，自由灵动而富有感染力（图4-240～图4-244）。

· 设计提示：用线描表现的独幅插画风图案，时尚而富有个性，其中线条的形式感是图案表现的关键点。

240	241
242	243	244

图4-240～图4-244：以极具表现力的线条勾画出人物表情、人物动态、手姿、场景等插画风图案，演绎在T恤、衬衫、大衣等男女服饰图案中。

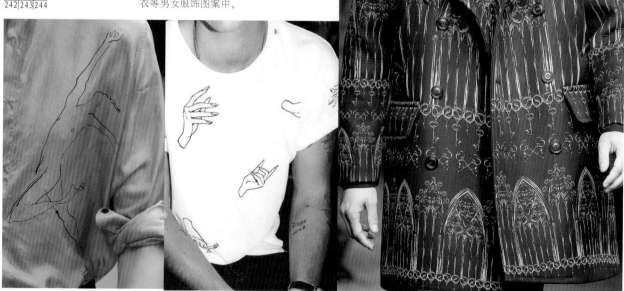

12. 水墨图案

　　图案源自中国的水墨画表现形式。水墨图案吸取了水墨画的黑白灰与宣纸与墨色的晕化与肌理效果来表现单纯、天然的图形，别具的意蕴是崇尚自然田园风的理想造型样式。结合丝、棉、麻天然织物表现的水墨服饰品成为都市人的一种时尚追求（图4-245～图4-249）。

·设计提示：水墨图案较适宜表达写意或抽象的图案，结合光感的缎面或者粗糙的麻质材料实现服饰产品都是不错的选择。

思考题、作业内容及要求

　　1. 查找和收集各类服饰图案，并做整理归类。

　　2. 运用 PowerPoint 手段完成服饰图案造型特征分析报告

一篇。提示：从内容、表现手法、适合对象等方面着手分析。

图4-245～图4-249：以多样式水
墨表现的各式服装图案。

245|246|247
248|249

第五章 服饰图案与流行色彩主题

题记："最显著的形状的效果也比不上落日或地中海的效果。"
—— R·阿恩海姆《色彩论》

流行趋势的预测与来自展会、秀场、街拍、零售等的相关资讯密切相关，从而针对材料与纺织、印花图案、针织服装、牛仔、内衣与泳装、运动、设计细节、配饰、鞋类、美容等各个主题的趋势进行预测，以指导设计师对相关设计趋势的把握（图5-1~图5-5）。

左页图5-1：以高彩度、高对比呈现的服饰图案与色彩。
图5-2、图5-3：美国内衣品牌维多利亚的秘密店面用色。作者拍摄于美国纽约。
图5-4、图5-5：同一图案不同配色呈现出来的面料图案。

2|3|4/5

5.1 服饰图案与流行色

　　流行色源于英文 Fashion Color，意为时髦的、时尚的色彩。国际流行色协会的各成员国专家每年召开两次会议，讨论未来 18 个月的春夏或秋冬流行色。流行色预测是一门综合性学科，它涉及时事背景、自然气候、审美心理、民族地域等诸多因素，并需总结上一季的流行色谱来确定完成。

　　全球最具实力与权威的趋势网站 WGSN，自 1998 年成立以来，专门为时装及时尚产业提供网上资讯收集、趋势分析以及新闻服务。趋势网站拥有 150 名的创作和编辑人走访全球各大城市，并有遍及世界各地的资深专题作者、摄影师、研究员、分析员以及潮流观察员组成强大的工作网络，以紧跟新近开幕的时装店、设计师、时尚品牌、流行趋势及商业创新等动向。为从事时尚产业的专业人员提供细致的资讯服务，更为设计师的创作提供了广阔的资讯平台。

5.2 服饰图案主题色

1. 经典无色系

　　无色系是由黑白灰构成的，黑色系有严肃、冷漠的一面，也具有高雅、端庄的个性；灰色系黯淡而低调，也具有沉稳、雅致、智能的个性；白色系肃穆、光亮，也具有梦幻、圣洁的个性。黑白灰是服饰品中使用最频繁的色系，以单纯的明度对比，结合各式纹样造型、面料质感，以及多样的风格与款式，演绎出永远的流行（图 5-6 ~ 图 5-9）。

　　·设计提示：黑白灰色系是最易于搭配的色彩，同时也具有调和其他色相的属性。设计时对于图形的面积把握、以及灰色层次的掌控，是决定图案效果的重要要素。其中灰色可结合涂层或金属纱线，演绎出科技与华丽的银色，以提高图案的表达力。

图 5-6、图 5-8、图 5-10：以黑白灰构成图案的服饰主题色彩。
图 5-7、图 5-9：以黑白灰主题色构成的抽象纹服饰图案。美国 Anthropologie 面料图案，作者拍摄于美国专卖店。

```
6 7
8 9 10
```

2. 经典棕黄色系

图 5-11 ~ 图 5-14：以经典棕黄色系构成的各式造型主题服饰图案。

　　棕黄色系是由各式不同明度与饱和度的黄色系构成的，其中的浅米灰也是纯天然的棉、麻、丝、毛在未经加工时最常见的色彩。温暖、平和、自然、怀旧的棕黄色系让人联想到泥土、沙漠、木材、麦子、咖啡等许多自然物象，与人类的生活息息相关，也是传统织物最常见的色彩之一，被广泛地运用于服饰图案设计中（图 5-11 ~ 图 5-14）。

·设计提示：经典棕黄色系是自然田园风的服饰图案的常用色彩，同时，也是复古风图案的常用色。以金色呈现的黄色系，则华贵富丽，又具有前卫的气息。

3. 经典红色系

　　红色系是色相环中最暖的色彩，其中以酒红、绛红最为经典与流行。高纯度的红色热烈火热，中纯度的红色则温馨浪漫，低纯度的红色高贵内敛。在每个人的一生中，红色系的服饰品总能在某一个时间里获得青睐（图 5-15、图 5-16）。

·设计提示：红色对中国的服饰有着特殊的意义，中国红象征着喜庆与吉祥，中国人的本命年要着红装，婚嫁节庆更是以红色为服饰色彩。以龙凤、牡丹、双喜纹等中国传统吉祥纹演绎的红色系服装更是与中国人有特殊的情结。

$\frac{11}{12}\Big|\frac{13}{15}\Big|\frac{14}{16}$ 图 5-15、图 5-16：以红色系构成的各式图案与工艺变化的服饰图案。

图 5-17～图 5-21：以蓝色系构成的各式图案与工艺变化的服饰图案。

4. 经典蓝色系

蓝色系是色相环中最冷的色彩，具有沉稳、深邃、冷静、务实、朴实的色彩个性，经典蓝色系由藏青、海军蓝、牛仔蓝等构成。在植物染的年代，以扎染、蜡染、型版印花（中国的蓝印花布）工艺结合的靛蓝染，打造了服装的图案世界，在世界各民族的服装图案中都有精彩的案例。今天，在绿色与可持续发展的设计倡导下，对染料、设计与生产环节赋予了最大限度的环保理念，草木染代表色——靛蓝以及其概念下的色系也成为了服饰图案的一种风潮。牛仔色系的服饰品已成为服装中一个重要的单品，吊染、水洗、拔染、镭射等，以及猫须、破洞等辅助工艺，每一季牛仔蓝也以丰富的色彩与图形传达出对时尚的注解（图 5-17～图5-21）。

·设计提示：经典蓝色最常见的是以各种明度与纯度变化的蓝与白构成图案色彩，以中国的传统蓝印花布为代表的服饰图案，结合丰富的图形元素，演绎出中国服饰文化的重要篇章。

5. 经典绿色系

绿色除了是色相的名称外，还是环保、和平的代名词，绿色积极、快乐、自由、青春，更是春天的象征。以绿色丛林为主题的服饰图案主题，用绿色系呈现了当今人们对钢筋水泥城市之外的世外桃源的向往，以及对自然与精神性的追求。绿色系也是军人服饰的色彩，陆军的绿色服饰，不仅有着掩护的功能，也具有了和平的寓意。以植物的花草构成的绿色系服饰图案清新、宁远，绿色系的服饰不仅是早春常用的服饰色彩，在明度与纯度的转换下，也是其他季节的服饰色彩（图 5-22～图 5-24）。

·设计提示：绿色系除了明度的变化外，以色相环上的角度变化也是绿色系重要的视觉样式：黄绿色青春可爱、蓝绿色通透浓艳，大自然最不缺少绿色，而红色不仅是绿色的点缀色，也是映衬绿色的最好色彩。

图 5-22 ～图 5-24：以绿色系构成的服饰图案。

6.经典做旧色系

　　做旧色系源自旧织物的色彩，具有黯淡、褪色、色差，以及磨损、残缺、变形、褶皱等肌理样式。做旧色系的流行透露出都市人对往昔岁月的追忆，也是对过去与传统，以及父辈的尊重与怀恋。在旧的色调中，仿佛让人们找到了温暖的记忆与逝去的美好时光。以拔染、水洗、拼接等工艺形成的做旧色系，呈现出色相、纯度、明度的弱对比，更显得和谐与内敛，使产品更具亲和力（图 5-25 ～图 5-27）。

·设计提示：以印花面料再进行二次设计是实现做旧色系的有效方法，二次染色、吊染、扎染、水洗都是常用的工艺，制作成品时将印花面料正反倒置，也可获得不错的做旧色。

图 5-25 ～图 5-27：以传统工艺实现的面料图案的拼布组合、水洗补丁工艺、牛仔拔色工艺实现的多样式做旧主题色。

22	23	24
25	26	27

图 5-28、图 5-29：以东方传统元素、西方传统元素构成的经典民俗主题色服饰图案。

7. 经典传统民俗色系

　　传统民俗色系是由世界各地具有代表的传统民俗经典配色形成的，如印度的纱丽色调、非洲蜡防图案色系、北欧传统的织物色系、日本和服的友禅纹色系、中国服饰的吉祥纹色系等，虽然都有着各自的色彩，但总体呈现出或对比或和谐的色彩样式，配以特定的工艺与图案，以色调呈现出特有的文化风貌（图 5-28、图 5-29）。

　　·设计提示：运用传统民俗色系呈现的时尚服饰，将传统与时尚元素相融合，并以款式、工艺等要素的时尚表达，成为流行风潮的重要流行样式。

8. 经典粉色系

　　粉色系指由高明度、低纯度的色系构成，如粉红、粉蓝、粉黄、粉绿、粉紫，以甜美温柔为特征，是童装、少女装、家居服等女性服饰图案的常用色系。粉色系结合各式图案，温馨、浪漫，其轻松、恬静的性格总能在时尚服饰中赢得一席之地，为女性所青睐（图 5-30 ～图 5-32）。

　　·设计提示：粉色系唯美细腻，轻薄纱、纯棉布、真丝绸印花，都能呈现出不同风格的粉色系，随面料的质地与材质的变化，适合各种季节。

　　图 5-30 ～图 5-32：色块相拼、花卉印花与折叠工艺、印花夏装，呈现出高明度亮粉色系构成的服饰图案。

28|29
30|31|32

图 5-33 ~ 图 5-37：以花、叶、果实以及抽象图 $\frac{33|34}{35|36|37}$
形构成的高纯度的对比经典彩色系面料图案。

9. 经典彩色系

彩色系是由高纯度的色彩构成的色调。色调的对比性取决于色相的选取，明艳对比的套色是其重要的色系特征，传递出热烈、欢快、积极的视觉样式，适合表现热带丛林、假日海滩等休闲的图案题材，是泳装、夏季休闲旅游装的常用色系，也是快时尚下的常用服饰色系（图 5-33 ~图 5-37）。

·设计提示：大面积的高纯度色彩是营造经典彩色系的有效手段，以热带植物与鸟虫，或是水果图形，结合写实、写意手法，或抽象的线条与块面与之搭配，都是创作的重要手段。

思考题、作业内容及要求

1. 查找和收集具有典型色调特征的服饰图案，进行整理与归类。

2. 调研当季服饰流行色相关信息，归纳出一组（5 ~ 12 色）主题套色色卡。

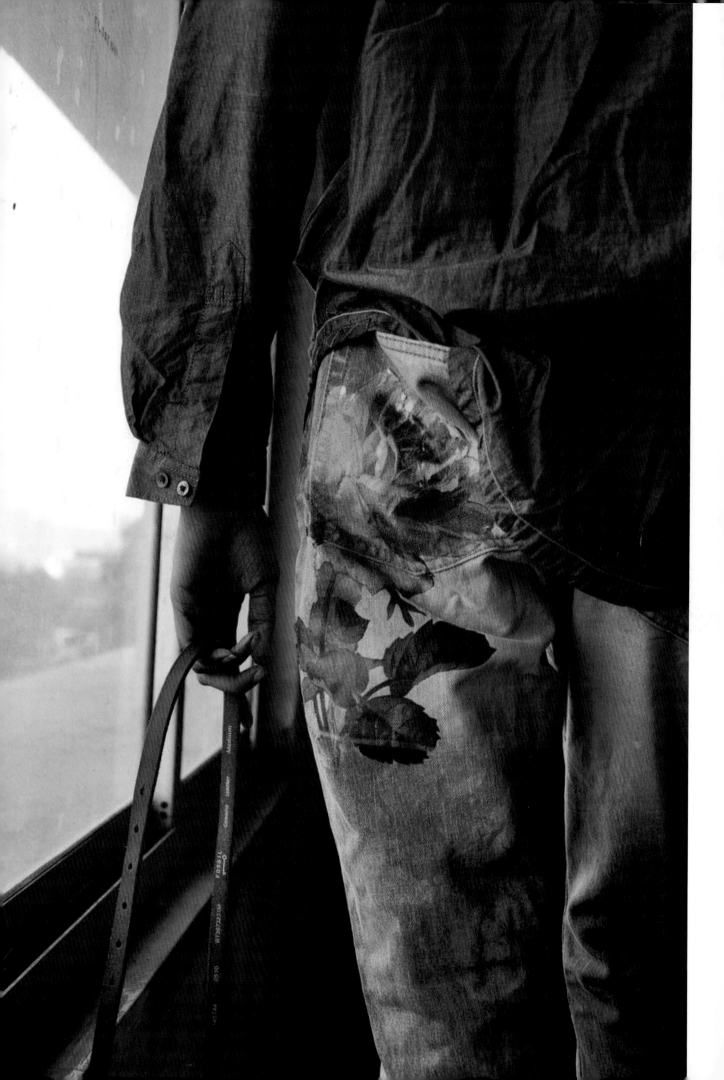

第六章 服饰图案类型篇

题记："必须技艺娴熟，盖下的一砖一瓦皆有其旨趣。"
——[美] 广告大师李奥贝纳（Leo Burnett）

6.1 服饰匹料图案设计

匹料图案设计，又称四方连续纹样设计。为连续图案的一种表现形式，其最大的特点是图案的四边可以相接，故称四方连续，是服饰图案最常见的图案设计格式，也是通常概念的"花布"设计。以一个或几个相同或不同的单位纹样在规定的范围内进行排列，上、下、左、右四个方向反复连续，并可无限扩展，是机器化批量生产面料的主要图案格式。组织形式主要有散点式、连缀式、重叠式、条格式等。印花、织花是其主要的表现工艺，是一种经济而便捷地实现面料图案的方式，被广泛地运用在古今中外各种风格、功能的服饰设计中。图案的接头主要有"错接式"和"平接式"两种，并配以不同的套色卡，方便同一花型不同套色的生产（图6-2、图6-3）。

·错接式：又称"移接图案""跳接图案"。在画稿的 1/2 处进行错接，是接续纹样最常用的格式。可使图案呈现空间穿插得当，变化灵活，尤其适用于单元形较大、变化灵活的服饰面料图案接续。

·平接式：又称"对接图案"。指画稿通过上下和左右平移来连接纹样，方法直观而简便，是接续规律性较强骨式的服饰图案的常用格式。

图6-2、图6-3：以单元形大小变化的循环图案制作的男女上装图案。

2|3

1. 四方连续纹样与满地图案

满地图案又称满底图案，是服饰图案设计中对四方连续图案设计的一种编排格式。指图案中花型占据画面的整个或大部分空间，图案由主花、辅助花、点缀花三大关系构成，通过精细的花型、变化的色彩，以层层叠叠不透底来实现图案的多层次、饱满的艺术效果，运用于传统和现代服饰图案设计中（图6-4～图6-9）。

·设计提示：图案的纹样连续方法又称"接头"，传统的图案设计要求设计师严格地把握好设计稿四边图案的连接处理，而现在接头的步骤往往通过电脑来完成。服饰图案中常见一种满底小碎花的设计样式，在西方被称为"外婆印花布"，这种设计强调面料的整体感，细碎的小花型成整体成片的视觉效果，而非突出具体的花型，具有温馨素朴的气质，广泛地适用于衣裙等服饰面料设计中。

4	5	6
7	8	9

图6-4～图6-9：以植物的不同组合创作的满地服饰图案，适合表现四季不同需求的服饰图案。

2.四方连续纹样与混地图案

　　混地图案又称混底图案，是服饰图案设计中对四方连续图案设计的一种编排格式，也是面料中最常见的图案设计格式。它是指图案与底的面积大致相同，强调图形与空间布局的整体效果，注重图与底的疏密适中而富于变化，排列均称，以避免花型在接板后产生明显的横档、直条、斜路等缺点（图6-10～图6-12）。

·设计提示：传统的服饰图案设计一般以适中的图案大小（以一件服装上出现完整的数个单元的图案）为标准，而今天，强调个性和另类的设计也体现在图案的面积上。图案在设计上十分讲究正形(花型)与负形（底）的协调关系，在形与色之间表现出来，非常考验设计师对空间把握的经验与能力。

$$\frac{\ \ \ |10}{11|12}$$

图6-10～图6-12：以多层次呈现的动植物构成的混地服饰图案。

3. 四方连续纹样与清地图案

　　清地图案又称清底图案，是服饰图案设计中对四方连续图案设计的一种编排格式。指图案中花型占据空间的比例较少，留出的"地"的空间较大，图案设计因空间大、花型稀疏，图与底的关系分明，富于对比（图6-13～图6-17）。

·设计提示：在设计时要注意花型间的联系，散和碎是这类设计很常见的缺点。用纤细的枝条来贯穿花型，是一种很有效的处理经验。

13	14
15	16	17

图6-13～图6-15、图6-17：以白色大面积底色与折枝梅花、线描动物、套色鸟蝶、抽象纹组合的清底服饰图案设计。

图6-16：以红底与蜻蜓、爱心等构成的趣味童装图案。作者拍摄于纽约商街。

6.2 服饰定位图案设计

　　服装上的定位图案，是指根据前襟、后背、领、袖等款式特定部位的具体面积来设计的一种图案，图案的基本样式有完整独立型和连续型两种。服饰定位图案历史悠久，在传统的手工化社会是服饰图案的主要表现手法，在各个少数民族的服饰中可以看见。今天，服饰定位图案又因其随意而特殊的造型和工艺变化，成为设计师表现个性与风格的手段之一。

1. 服饰定位图案与单独纹样

　　单独纹样与连续纹样相对应，是一种造型相对完整并能够独立存在的纹样。由单独纹样可进一步构成各种形式的图案，为基础图案课程中一种最基本的图案训练。在服饰定位图案设计中，单独纹样往往因部位和形式的关系显得醒目突出，所以注重对单独纹样的整体造型，尤其是外形的刻画显得尤为重要。

　　在服饰定位图案中，单独纹样的形式往往出现在服装较为主要的部位，如前襟、后背、两肩、膝盖等醒目的位置，图案的大小受到服装部位面积的影响，但传统的图案面积"适中"的概念在今天已经被打破。单独纹样在服饰中的工艺表现则非常多样化，也正因此，单独纹样在服饰中呈现出丰富新颖的样式（图6-18～图6-21）。

　　·设计提示：定位图案在童装中也是一种非常多见的图案表现形式，从传统的补绣花到今天的数码印花与数码绣花，单独纹样始终是设计师最爱表现的图案样式之一。

图6-18～图6-21：结合服装的袖口、领部、袋口等部位，以刺绣和蕾丝表现的服饰定位图案设计。

2．服饰定位图案与 T 恤图案设计

　　T 恤图案，又称广告衫、文化衫图案。图案多以前胸为部位，面积适中的单独纹样形式，内容广泛，常见有植物花草、卡通动物、传统脸谱、名胜古迹、名人明星、抽象纹、广告语文字、标识等。T 恤发展于针织男式圆领衣，后发展成世界范围内应用广泛、适用性强的实用服装，部分兼具广告、旅游纪念等功能，图案具有轮廓分明、装饰性强、对比醒目等造型特点。传统 T 恤图案主要以机印工艺为主，现今 T 恤图案除机印外，还有数码喷墨、手绘、机绣、贴补绣、顶珠绣、烫钻等其他工艺，图案在部位、面积上也变化多样而灵活。T 恤服装样式可以追溯到 17 世纪美国码头工人的服装，以及 19 世纪末美国海员的制服。1942 年，美国人纳维（Navy）受 T 字形启发，把它叫做"T Type Shirt"，而成为一种不分性别的服装样式。1976 年，T 恤的加长改革，更使其发展成了世界范围的一种实用服装。有统计，现今美国一年的 T 恤消费量在数十亿件，T 恤有大众与平民性的一面，而其流行感正是由图案和色彩体现的，且易与多种风格服装搭配（图 6-22 ~ 图 6-27）。

·设计提示：当今的 T 恤图案设计更追求时代的气息和个性的体现，在图案的内容上强调图形的趣味性，设置的部位以及工艺也变化多样。

图 6-22：运动装品牌匡威店面的 T 恤图案陈列，展现了标识、字母、骷髅、器具、花卉等抽象与具象形构成的多主题、多风格的 T 恤图案。作者拍摄于纽约匡威专卖店。

图6-23：以下摆的布局，数码印花实现的人物装饰图案，强烈而又具装饰感。
作者拍摄于纽约商街。

$\frac{23|24}{25|26|27}$

图6-24～图6-27：鸟翼、人物、动物、骷髅的局部构成图案，以布局的多样性，
结合数码印花表现的T恤图案设计。

3. 服饰定位图案与二方连续纹样

　　二方连续纹样是指以一个基本组织为单元，向左右或上下循环连接成一带状的图案，因其连接点为二边，故称二方连续纹样。二方连续纹样因其单元的重复而形成带状的形式，故有很强的边饰感，被主要应用在服装中的袖口、领口、裙摆等部位。二方连续纹样因其在服装上的组织和编排特点，具有很强的节奏和秩序感。

　　二方连续纹样是许多民族传统服装乐于表现的形式，常见以单色的服装为底色，在领口等服饰边缘，配以细密而精致的二方连续纹样。在服饰中，二方连续纹样工艺表现也十分灵活，可以印花，也可以刺绣和镶贴等（图6-28～图6-33）。

　　·设计提示：如果图案是以印花为工艺，制作与剪裁时要小心避让花型。

图6-28、图6-29：印花、刺绣工艺表现的花卉裙装二方连续纹样。

图6-30：二方连续花卉主题织带图案，可用于装饰服饰产品的，形成边饰纹样。作者拍摄于纽约Mood面料城。

图6-31～图6-33：裙款中结合布局变化，以刺绣、印花工艺实现的抽象纹与花卉纹二方连续纹样。

| 28 | 29 | 30 |
| 31 | 32 | 33 |

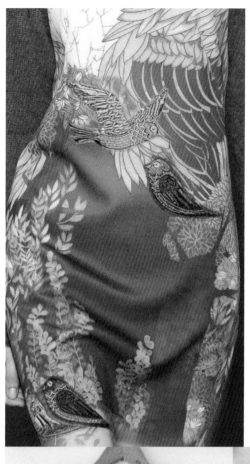

6.3 服饰件料图案设计

服饰件料图案设计是一种服装面料设计的特定格式，它通常以完成一件服装的图案设计为目的，因而称"件料"。因其设计的面积大，也很讲究图案在成衣后的布局，被喻为花样设计中最有难度的设计形式。件料图案设计通常用来制作晚礼服、连衣长裙、日本的和服等高档服装，价格昂贵的真丝配以印花是最常见的面料和工艺。设计的尺寸一般以连衣长裙为高度，宽度以裙身的宽度为一个设计单元，同时还要考虑图案展开的整体效果。近年来，受时尚潮流和人们审美意识的影响，件料图案设计较传统而言，在造型的样式与工艺上有很大的突破，表现出结合服装的款式，大量以写意为主的图案风格，并且单元图形大、技法多，追求动感流畅的视觉效果（图6-34～图6-37）。

拓展图案：裙料图案

又称独幅裙图案、件料图案。以半身长裙和连衣长裙图案设计为目的，传统图案格式以裙边的二方连续纹样过度到裙身的四方连续纹样的组合方式，图形沿布幅边缘向上延伸展开，图案下密上疏，植物纹为主要内容。现代裙料设计加大了面料的幅宽，纹样的形式也更加多样化，工艺除印花外还有手绘、刺绣等，适用的服饰也更为宽范。

· 设计提示：件料图案设计也可以用于裤装、短裙、围巾等面料。

$\frac{34}{35|36|37}$

· 作业内容及要求

1. 任选一种图案内容，设计一款四方连续图案，并以服装平面图表现。要求强调图案的造型感和色彩的时尚性，接头概念准确。

2. 任选一种图案内容，设计一款服装定位图案，并以服装平面图表现。要求设计体现较强的创意性与个性化，图形与色彩体现美感。效果图准确表现整体设计意图。

图6-34～图6-37：服饰件料图案设计。

第七章 服饰图案功能篇

题记："时装是智慧的展现，她在你身上弥漫着无限的遐想。"
——[法]著名时装设计师妮娜·卓嘉尔

7.1 图案与服装类别

　　从服装的功能出发，以实用为目进行的图案创作。图案兼具功能性与装饰性，结合款式、穿着要求，以及环境、年龄等诸要素综合考虑。具体包括男装、女装、童装、中老年装、衬衫、正装、职业装、休闲装、运动装、家居装等图案设计。

左页图 7-1：抽象纹印花男装图案。
图 7-2 ～图 7-4：以细密排列呈现的少套色衬衫图案，以符合床罩、穿着者以及服装款式的需要。

$\dfrac{2}{3}\Big|4$

1. 女装图案

　　成年女性服饰上的图案。图案主要以花卉植物纹和各种抽象形构成，涉及传统图案和各种流行图案。女性图案历史悠久而内容丰富，历史各时期、各民族都有自己的女装图案特色。女装图案类型多样：单独纹样、角隅纹样、二方连续纹样、四方连续纹样、满地图案、混地图案、清地图案、匹料图案、定位图案、件料图案、裙料图案等，结合丰富的表现手法，体现女性的多样美感，以适应功能、风格等需要。棉、毛、真丝及各种合成纤维，配以蕾丝和缎带做辅饰，印花、提花、织花、绣花等多种工艺表现图案（图7-5、图7-6）。

·设计提示：传统女装图案多以唯美的曲线图案或者雅致的自然花卉为主要表现题材，现代女装图案趋于更多元丰富，而图案也呈现多角度、多形式的发展态势。

5｜6

图7-5、图7-6：温馨而柔美的暖色表现的花卉循环裙装图案及抽象曲线纹裤袜图案。

2. 男装图案

　　成年男性服饰上的图案。传统男装图案多以条格或文字等理性化抽象图形为主导，以表现理性和阳刚美，图案也局限在衬衫和领带饰品设计中。随着现代社会的审美拓宽与多样化，男装图案在内容、形式以及应用范围有了很大突破，细密的佩兹利、写实的植物和兽类、船锚器具、文字、抽象形等，手法多样，呈现沉稳刚健、粗犷英武与亲切平和的两面性。工艺也突破以往的印花和提花，刺绣、补缀等装饰工艺也应用广泛。男装的定位图案多分布在显示人体力量的胸、背、臂、肩等关键部位，以装饰强调凸显服饰造型特征（图 7-7 ～图 7-11）。

·设计提示：较之女性服装，男装的图案设计更为强调装饰的部位，定位图案多分布在显示人体力量的胸、背、臂、肩等关键部位，图案也多追求粗犷厚重的造型特征。

图 7-7 ～图 7-11：花卉、动物、几何纹形成的循环及定位图案，以彰显男性的多面性格。

7	8	9
10	11	

3. 童装图案

　　指 0～12 岁的儿童服装上的图案。常见图案有卡通、花朵等具象形，心形、圆点等符号和抽象形，结合不同年龄图案呈现不同风格：0～1 岁的婴儿装图案，以亮粉色系的简单小图形为主；2～5 岁的幼儿装图案，以拟人的小动物和明快的花朵等具象形为特点；6～11 岁的儿童装图案，以流行的卡通等形象为主，色彩多以高明度的亮色系来表现童装整体的单纯清新和明快美好的风格。连续纹样结合价廉且易洗涤的印花工艺，以机绣工艺表现的定位图案，多装饰在胸前、领边、下摆、袋口、膝部等较醒目的位置，配以柔软的棉等天然纤维、合成纤维为面料来表现图案（图 7-12～图 7-16）。

　　·设计提示：近年来动画卡通造型的流行，也反映在童装的图案设计中，而许多卡通造型被注册和授权，成为童装图案设计的新亮点，也深受儿童的喜爱。

$$\frac{12|13}{14|15}|16$$

图 7-12～图 7-16：象征爱意的唇、规律排列的昆虫、儿童画样式的人物、贴花式字母纹、针织兔子剪影纹构成的活泼可爱的儿童服装图案。

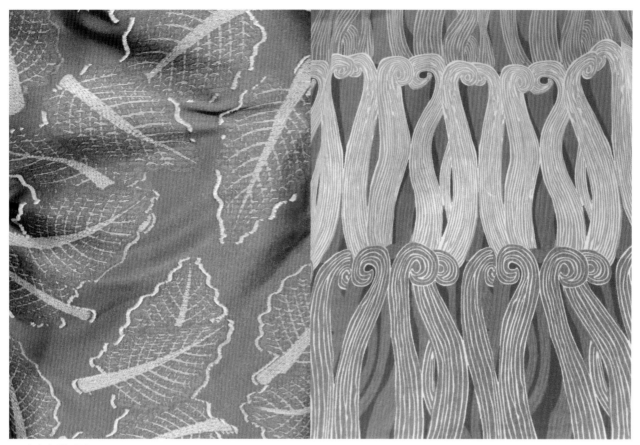

4. 中老年装图案

　　中老年服装图案主要以花卉、条纹，以及佩兹利等传统纹样构成。结合中老年人的生理和心理特点，一方面图案整体造型沉稳庄重，花型大小、疏密适中，以中性、低明度的调和色调为主色调；另一方面，以对比高彩度图形配以黑、暗红等深底色形成色调，花型较大、疏密有致，图案造型富有动感。图案工艺有织造、绣花、印花等，其中提花工艺占一定的比例，以体现花型的精良。羊毛、真丝与合成纤维为常见用料，突出面料的考究质地，同时也以图案造型强调服饰的宽松轻便与舒适感（图 7-17 ～图 7-21）。

·设计提示：相对其他年龄段的服装图案，中老年装图案更需要体现文化意蕴，以彰显穿着者的内涵与丰富的人生积累。

图 7-17 ～图 7-21：中老年服饰设计中沉稳的色彩与精致的提花、印花、刺绣工艺实现的具象与抽象图案，作者拍摄于美国商街。

5. 衬衫图案

套装里面或内衣外面的上衣上的图案。主要分两种类型，第一种，搭配西装、套装、礼服内正装内衬的衣服，图案以合体挺括为特色，以提花细条纹等含蓄的图形为主，衬托外衣的前胸、领型，袖口，多与领带图案协调搭配，呈现出端庄、简洁、素雅的造型特色；第二种，与休闲服装搭配或夏季外穿的休闲衬衫，图案内容广泛，有大朵花卉、变形的卡通动物形、多套色的佩兹利、对比的几何形等，以棉、麻、丝等舒适度强的面料，结合印花、机绣等工艺，配以宽松、圆形下摆等款式，体现活泼、随意的造型特色（图7-22～图7-26）。

·设计提示：传统衬衫图案多以小花位的图案造型为主要样式，时尚服饰理念则赋予了今天的衬衫无拘束而多姿多彩的造型图案表现。

图7-22～图7-25：恐龙纹、小碎花、动物纹、格纹循环及定位，数码及套版棉布印花衬衫图案。

图7-26：胶印实现的动态骷髅形衬衫图案，传统排列与色彩样式下因图案而彰显出前卫的个性。作者拍摄于美国商街。

22|23|24
25|26

6. 服装里料图案

又称服装夹里图案。传统里料图案多以条格纹、暗花纹等简洁花型构成。花型小的混地连续纹，配以弱对比的色调，以印花工艺结合羽纱、尼龙、绒布等面料，以衬托夹衣、棉衣等衣面。现代里料不但拥有传统里料的特性，还具有向外翻折的装饰性，图案以满地碎花纹、佩兹利纹、条格纹、标识纹等为主，以陪衬素色衣面。有的还结合衣面的图案作呼应或对比：写实花卉衣面配以条格纹里面；大花型图案衣面配以同类小花型里面等。色彩也分里料与衣面调和或对比两类色调关系，以烘托服装的艺术效果（图7-27～图7-31）。

·设计提示：里料图案与服饰的整体系列配套设计，在色彩与图案题材造型上的完美统一，有助于提升服饰图案的整体设计感，别致的里料主题图案会给人出其不意的视觉体验。

图7-27：风景印花里料图案，可获得独特的陈列效果。

图7-28：因染料的渗透而形成的面料两面的图案效果，制作时将面料正反颠倒以形成里料图案。

图7-29：以衬衫与夹克里料的相同纹样，营造出服装的系列设计感。

图7-30、图7-31：衬衫图案与领部里料图案的配套系列设计。

7.1.7 正装图案

正装指在正式礼仪、社交场所的着装，具有郑重而恰如其分地表明自己的身份、地位甚至国家、民族、宗教信仰等因素，通常包括礼服（婚礼装）和男士的西装等。传统礼服具有严格的规范性，在材料、工艺和装饰上竭力追求华丽、庄重、精致。通常，定位图案设计多居于视觉中心的部位，如胸部、肩部、腰部、臂部、前襟、下摆等处；四方连续图案设计强调图案的造型变化和工艺性（图 7-32～图 7-36）。

拓展图案：女性礼服图案

女性出席正式礼仪及社交场所的服装图案。以花卉和传统图案、综合抽象图案，以及时下流行的图案为主。定位图案强调胸部、肩部、腰部、臂部、前襟、下摆等服装的重要部位；连续图案设计以强调图案的造型变化的裙料图案为主。总体追求庄重、华丽、精致、个性的装饰表现，以体现穿着者的身份、地位、国家、民族等因素。图案套色丰富，结合质地考究的金银锦缎、塔夫绸、蝉翼纱、天鹅绒、毛皮等华贵面料量身定做，利用手绘、蕾丝、刺绣、珠绣、烫钻等手工艺，加上新型闪光涂层等面料工艺，图案趋于立体、多层次、多材料、多工艺的艺术特色。

·设计提示：随着时尚潮流的推进，正装图案也随着款式设计发生了很大的变化，多样化和个性化促使图案趋于立体感、多层次、多材料、多工艺的特征，以彰显着装者的心理需求。

图 7-32、图 7-33：精致的刺绣表现的花卉纹、飞鸟纹女性礼服图案，在紧致的图案造型中呈现出华美的气息。

右页图 7-34～图 7-36：多样工艺表现的多样图案造型的正装图案。

32|33

8. 职业装图案

以表现职业特征为目的图案设计。图案以适应服装款式与功能为前提，单独纹样以局部的标识图案、文字图案为主，连续纹样以几何纹条格纹、提花工艺花卉纹，也有以表现民族特色的传统纹样等。主要包括工作制服图案、办公制服图案、劳保制服图案。图案以素雅端庄、简洁大方为特征，色彩以弱对比、整体感强为特征，整体呈现秩序和谐的造型样式。面料采用棉、呢、混纺等，配以机织、印花和小面积刺绣工艺。

·设计提示：通常职业装的图案在造型和色彩表现上，采用舒缓的弱对比，或小面积的点缀与装饰性，淡化局部的变化以达到整体的和谐。

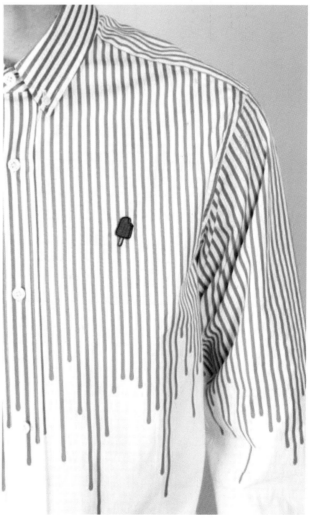

图 7-37：印花变异条纹与刺绣标识实现的职业装图案，秩序中呈现的干练气质。

34|35|36
37

9. 休闲装图案

在闲暇状态下穿着的服饰图案。图案内容广泛，包括动植物、人物风景以及各种抽象图案，装饰手段自由灵活，主要用于绒布衬衫、T恤、牛仔衣裤、棉麻连衣裙等服装设计中，形式多样的连续图案或简洁的定位图案，呈现出轻松明快、舒展自如的风格特征。采用天然棉、麻、丝以及人造纤维材料，与印花、机织、机绣等工艺结合表现图案（图7-38～图7-42）。

·设计提示：追求品质的国际服装大牌十分强调休闲装的精致细节，图案设计在自如闲散的表面下追求一种造型的完美。

38 | 39
40 | 41
　　| 42

图7-38、图7-40：抽象图案表现的休闲装图案。

图7-39、图7-41、图7-42：抽象扎染纹、提花纹，以及叶子纹表现的休闲装图案。作者拍摄于纽约商街。

10. 家居服图案

在居家室内穿着的服装上的图案。图案因穿着者和具体功能不同而变化，女装多为植物花草，男装多为条格，儿童装多为卡通动物，以及厨房用衣的蔬菜水果图案。图案以随意简洁、温暖明亮的用色为特征，突出宽松舒适、宁静温馨的家居氛围。以棉、丝等天然材料为面料，结合经济的机印、机织、机绣等工艺，应用于睡衣、浴衣、围裙等设计中（图 7-43 ～图 7-46）。

· 设计提示：家居服图案设计可追求图案不对称性和趣味感，以营造轻松美好的家居氛围。

$\dfrac{43|44}{45|46}$

图 7-43、图 7-45、图 7-46：几何条格纹、十字纹，以针织、印花等工艺表现的家居服饰图案。

图 7-44：熊猫与竹叶组合表现的家居裤装图案。作者拍摄于纽约商街。

11. 运动装图案

与运动相关服装上的的图案。分锻炼装与竞技装，锻炼装的图案以抽象形为主，对比适中，套色少，突出简洁活泼的造型风格，面料追求舒适与方便运动；竞技装由队标、国旗、徽章、文字、标饰与抽象图形构成，多以定位图案在服装上进行色块分割，强调的鲜明动感与对比度，结合现代珠光或闪光涂层，营造清晰醒目、积极明朗的风格。以印花工艺配以舒适透气的纯棉加莱卡或富有弹性的各类合成纤维面料，也有少量的刺绣装饰工艺表现图案（图 7-47 ～图 7-49）。

·设计提示：运动装的图案设计最多运用的是服装上的色块分割与定位图案，少套色的设计也是运动装的重要特点。

图 7-47 ～图 7-49：写意印花云纹、针织网格纹表现的运动装图案。

拓展图案：女性内衣图案

　　指女性贴身胸衣和内裤上图案。图案以装饰和强化造型与结构为目的，以缠枝纹、小碎花等具象纹和小圆点、条格纹等抽象纹为主，白色、粉色、肉色等亮色系是最常见的传统用色，黑色与中国红也是现代内衣常见的色彩。制作精良、华丽繁缛、秀丽细腻的"性格"特征，以满足视觉的亲切和审美需求，结合透气性和贴合度好的面料，配以印花、蕾丝、刺绣、烫钻、缎带缝缀等工艺装饰（图7-50）。

·设计提示：透气而贴合度强的套色印花面料，成为现代内衣图案设计的一种新样式，多针对少女和年轻女性，用色对比活泼，而花卉的题材更是营造了纯情自然的视觉效果。

图7-50：碎花图案表现的针织印花面料的女性内衣设计。作者拍摄于纽约长岛商街。

图7-51～图7-53：蕾丝印花纹、朵花纹等印花与泳装设计。

拓展图案：泳装图案

　　与游泳相关的服饰图案。图案主要由热带植物、海洋动物，以及抽象纹构成。大花型，布局饱满，饱和的色彩运用在平涂或晕染的图形中，色调浓烈对比，赋予动感和装饰感。传统的泳装图案多以四方连续纹样，现代泳装也有追求趣味和情趣的定位图案设计，将印花工艺结合弹性和贴合度好的莱卡等合成纤维，应用于各式泳衣、泳帽等产品中，营造了奔放与妩媚、健康与性感、浪漫与温情的视觉样式，获得远观醒目而强烈的图案艺术效果（图7-51～图7-53）。

·设计提示：泳装图案多以满底布局、单元形大、色彩浓烈对比为造型特色，以获得一种远观醒目强烈的艺术效果，有别于其他功能服装的追求近观的细腻丰富的效果。在以瘦为美的今天，女性泳装的图案设计也十分强调营造女性身体的曲线美，如在视觉上用纵向曲线条来表现腰部的纤细，同时借以浓烈的图案色调来减弱轻薄面料造成的服装透明感。

7.2 图案与服饰品类别

指服饰用品上的图案,有植物纹、动物纹、人物纹、风景纹等各种具象及抽象图形,造型结合服饰品的功能、风格、款式、材料、工艺以及穿着者的民族、习惯、年龄、性别等因素综合表现,起到对服装的点缀、衬托、呼应、装饰等作用。服饰品图案包括帽子图案、围巾图案、手套图案、腰带图案、鞋袜图案等,各历史时期、各民族都有丰富、优秀的饰品图案表现(图7-54 ~图7-56)。

54 | 55 / 56

图 7-54 ~图 7-56:风景纹丝巾与雨伞系列图案设计;刺绣纹包袋与裙装配套设计;抽象纹渔夫帽与裙装系列设计。

1. 领带图案

　　指男性服装领部配套用的带状装饰品上的图案。图案分抽象、具象、传统、流行等类型，因着装风格与功能而各异。条纹、格纹、点纹等抽象图形，佩兹利等传统纹、文字，以及具象小花纹等规则性强的图案居多，图案以布局紧密、小单元形和小循环、配色雅致为特征，多结合正装、制服等配饰；抽象组合纹、写意花卉纹、流行纹等编排随意，表现技法多样的图案，多搭配休闲等特殊场合的服装配饰。领带图案经过一百多年的发展，逐渐淡化了最初的实用功用性，强化其装饰性，成为男性重要的服饰用品。领带图案多结合织花、提花、印花等工艺，应用于锦缎、羊毛等质地考究的面料中，点缀和丰富男性装束，是衬衫、西装等外套的重要饰品图案（图7-57～图7-63）。

·设计提示：传统领带图案设计多以小面积图形组合成小单元的四方连续图案，色调多以暗中点缀对比色的方式。而现今时尚的领带图案，以大花位和定位花等形式，突显领带在整体服装中的视觉重点性，使服装因领带图案而增色，成为男装的新亮点。

57|58|59|60
61|62|63

图7-57～图7-63：花卉纹、人物纹、波点纹、格纹表现的领带图案。

2. 围巾图案

用于颈脖、肩、头部的服饰用品上的图案。图案造型包容一切具象和抽象图形。围巾历史悠久，具有防寒、防风、防尘、装饰等功能，是重要的服饰设计之一。从功能和佩戴方式上可分为：披肩图案、头巾图案、领巾图案等；从形状上可分为：长巾图案、方巾图案、三角巾图案等；从材料上可分为：丝巾图案、纱巾图案、羊毛围巾图案等；从工艺上可分为：印花围巾图案、针织围巾图案、编结围巾图案、蕾丝围巾图案、刺绣围巾图案等。围巾较其他服饰品具有结构简单、造型规整等特点，更易展现图案设计的深入与表现，定位图案、连续循环纹样等样式繁多，其中以方巾图案设计为代表，不同服饰文化和现代工艺和材料更赋予了围巾图案缤纷斑斓的面貌（图 7-64、图 7-65）。

拓展图案：头巾图案

用于包裹头部的服饰品上的图案，是围巾图案中的一种。图案以具象植物纹、抽象几何纹为主。结合方形、长形、三角形围巾外形，以连续循环纹样为主要样式，图案注重包裹头部外露效果。布局均匀，以造型简洁明快、中等大小花型为特色，色彩强调与肤色的对比和与服装的协调，结合印花、刺绣、织花等工艺表现图案，是阿拉伯等国家与中国新疆维吾尔族妇女的防风保暖的服饰装饰必备用品，也是现代时尚服饰的装饰品之一。

拓展图案：披肩图案

用于披在肩部或包裹上身的服饰品图案，是围巾图案中的一种。图案以佩兹利和花卉纹为主，结合长方形、三角形围巾外形，以连续循环纹样为主要样式。历史上有闻名的印度北部克什米尔披肩，英国于 17 ~ 18 世纪将其提花生产并广为推广，打造出经典的佩兹利披肩图案，并影响了其他服饰图案。披肩图案因展露面积大，以花型大、层次多、布局满、色调丰富为特色，运用羊绒、真丝等纤维，结合提花、印花、绣花、蕾丝、烂花等工艺，是许多成年女性秋冬的重要服饰用品。

图 7-64：以蜡笔笔触实现的各式果实组合印花方巾图案。美国 Anthropologie 品牌。
图 7-65：一组印花、扎染图案围巾设计。作者拍摄于纽约商街。

64
65

122

拓展图案：方巾图案

　　外形方正，可用于颈脖、肩、头部、腰部等的服饰用品图案。图案内容涉及广泛，造型表现丰富多样。结构有独立式、二分之一对称式、四分之一重复式；中心独立加二方连续边框式、中心连续循环纹加二方连续边框式等，是集单独纹样、适合纹样、角隅纹样、二方连续纹样于一体的图案设计样式。结合折叠颈饰佩带和披肩佩带等效果，方巾的四角和中心都成为纹样设计的重点。方巾图案以真丝印花为典型样式，因尺寸大、外形方正的特色，也为绘画式图案表达提供了契机，许多画家名作或风景场景被印染在方巾上，使方巾具有了旅游纪念等功能。创建于1837年，世界著名方巾产品世家爱玛仕，正是把方巾设计推向了世界奢侈品，创造了经典的方巾图案，也谱写了辉煌的方巾历史。常见尺寸为：90cm×90cm（图7-66、图7-67）。

拓展图案：长巾图案

　　外形呈长条形，用于颈脖、头部的服饰用品图案。主要分真丝等薄型面料图案设计和羊毛等厚型面料图案设计，薄型长巾多结合四方连续纹样与印花、刺绣、手绘等工艺，结合花卉等具象造型，花型大小适中，色彩明艳，适用于成年女性佩饰。厚型长巾多结合编结、织花、绣花等工艺，图案布局侧重长巾两端，几何条纹与清地小花型、标识图案多适用于男士佩饰；佩兹利等传统织花工艺图案多适用于成年女性佩饰；机绣或印花的卡通或动物图案适用于儿童或青少年佩饰。

　·设计提示：丝绸方巾图案设计堪称图案经典设计，其特点是展开时画面感强，佩戴时灵活多变，在着装中画龙点睛。

66|67　　　　　　　　　　图7-66、图7-67：多样式图形与色彩组合的印花方巾图案设计。

3.袜子图案

　　用于袜子上的图案。图案因性别而变化。袜子具有保暖、护足以及装饰作用，20 世纪初随着尼龙袜、丙纶袜的诞生，袜子成为百姓最为普通的服饰品之一。图案强调部位特征，以外露的袜筒两侧和筒边为图案表现的重点，左右对称，并与鞋构成协调的关系。袜子因消费对象而分为男袜、女袜和童袜设计。采用的工艺有包括提花、织花、绣花、印花等，棉纱线、锦纶丝、羊毛、混纺等为主要材料，形成各式袜子，适合成年男女和儿童四季使用（图 7-68 ～图 7-72）。

<table>
<tr><td>68</td><td>69</td><td rowspan="2">72</td></tr>
<tr><td>70</td><td>71</td></tr>
</table>

・设计提示：传统袜子多以图案的对称格式对袜筒、脚背进行装饰。今天，袜子图案已不拘泥传统图案格式，在题材、排列、装饰部位上都有了新的突破，轻松浪漫的图案凸显了消费群的心理需求。

图 7-68 ～图 7-72：短袜、裤袜上的猫与兔子的头部、鱼尾、花鸟纹、英国传统菲尔岛图案表现的针织与印花图案。

图 7-73 ～图 7-75：蝴蝶、人物纹表现的纽扣装饰图案。

73|74|75

124

5. 纽扣图案

纽扣上的图案。纽扣在数千年的发展过程中，在功能与装饰上不断变化与完善，与服饰的关系紧密，有不可忽视的装饰作用。纽扣的材料从最初的天然材质发展到今天，大致可分为塑胶类、金属类、天然类，以各种工艺制作的纽扣来适应服饰的要求。纽扣图案主要有印花和材质的肌理纹，也有以面料盘结成的特有装饰图案。在外形上，主要以规则的圆、方等几何形为主，也有以装饰为主要特点的动物、植物的花与叶为外形。纽扣除在服装中实现实用功能外，也起到别致的装饰作用（图7-73～图7-75）。

拓展图案：盘花纽图案

中国传统饰品图案。以单色布条或绸缎缝成带状的纽襻条，将其盘曲成各种图案造型，具有服装纽扣的功能。图案主要由花卉、鸟蝶、抽象卷曲纹等构成，饰于正门襟、侧门襟等部位。图案具有立体灵动、精致细密的艺术特征，与整体服装图案协调，营造出中式服装的雅致与内敛的美感。

·设计提示：纽扣的色彩多以与服饰统一的同类色为主色调，也有与服饰对比的色彩表现，以及珠光、金属质地的配色，以起到点缀服饰的视觉效果。

6. 手套图案

用于手部的服饰用品图案，主要以花卉、几何纹构成。历史与传统中，手套除了保暖和护手的功能外，与宗教仪式、权威、圣洁及女人的高雅等概念相关联，形成了丰富多样、各具工艺特色的手套装饰图案。按手套款式分为：五指式和四指相连式手套图案。图案内容根据服装的风格、功能、年龄等各异，图案大小适中，定位图案（参见定位图案）多以手背、边口为装饰部位，四方连续纹样多以细小纹样规则性排列。图案采用的工艺有编结、平绣、贴绣、蕾丝、印花等，羊毛、皮革、丝绸、尼龙等为主要材料，形成各式手套，与休闲装、运动装、晚装等搭配，适合成年男女和儿童（图7-76～图7-79）。

·设计提示：作为保暖功能型的手套设计，无论是单独纹样还是环绕至手心的连续纹样，手背的图案总是设计的重点。而作为与晚装配套的饰品手套，设计上更突出与服装的整体性，图案多以蕾丝花边式为主。

图7-76～图7-79：棒针编织、刺绣表现的抽象纹、具象花、叶纹手套图案。

6. 鞋子图案

用于鞋子上的图案，主要以花卉纹构成。鞋具有御寒、护脚及装饰功能。鞋的历史久远，记载着不同的社会生活习惯和文化审美。鞋子因其功能、材料、款式的不同而被冠以各种名称，如运动鞋、凉鞋、拖鞋、皮鞋、布鞋、浅口鞋、高跟鞋、尖头鞋等，图案因此而各异。传统鞋子图案多采用对称格式，重点装饰鞋头和鞋两侧；现代鞋子图案渗透到鞋里、鞋底、鞋跟，以及打破两足对称的个性化图案设计，也有与服装面料统一的四方连续图案。结合提花、印花、贴绣、平绣、珠绣等工艺，鞋子呈现平面和立体的装饰图案。历史上有中国清代的如意卷云男鞋、"马蹄"绣花绸缎女鞋、民间绣花布鞋，许多少数民族至今仍保留用图案装饰鞋的习俗（图 7-80 ～图 7-88 ）。

	80	
	81	
82	83	84
85	86	87	88

· 设计提示：时尚设计潮流推动了鞋的图案设计，充满幻想的设计思维、新型材料与工艺、立体的图案造型，在鞋子设计上，增加更多的艺术装饰性，为足部，更为服饰的设计增色添彩。

图 7-80 ～图 7-88：花卉、器具、动物、抽象点纹，结合印花、镂刻、刺绣、针毡、3D打印工艺实现的各种风格的鞋与图案设计。

7. 帽子图案

　　用于头部的服饰用品上的图案。植物、鸟禽、文字标识构成主要图案。帽子具有保暖、遮阳、防风沙等实用与装饰功能，也曾是社会身份和礼仪的象征。女帽有草帽、鸭舌帽、贝雷帽、无檐帽、睡帽、遮阳帽、棉帽等，中国历史上有皇后贵妃和公主的凤冠、花冠，女帽名称众多，造型样式和材料工艺丰富，许多民族至今仍保留戴帽子的习俗，并以帽子和图案为服装装饰的重要手段。帽子上的图案结合帽型与款式，强调帽身四周的图案布局，图形面积适中，定位或连续循环图案样式点缀或协调服装，刺绣、印花、编结、蕾丝是最常见的工艺。较于传统，现代帽子图案更注重结合材料与工艺对造型进行体现，"仿生态"的立体花朵形、鸟形等造型样式是现代时尚帽子设计中突出的表现，充分体现了现代时尚创新理念（图7-89～图7-92）。

·设计提示：与传统帽饰相比较，现代帽饰的材料与工艺对于造型的体现尤为突出。"仿生态"的造型是现代时尚设计中乐于表现的一种造型样式，花瓣的妩媚、个性化的动物，都被设计师以独特的造型结合在帽饰设计中。

89
90
91
92

图 7-89 ～图 7-92：印花表现的植物纹棒球帽与格纹礼帽图案设计。

8. 包袋图案

用于装载物品的服饰用品上的图案。图案结合包袋的造型、功能，分抽象、具象、传统、流行等类型。包袋的图案装饰由来已久，中国民间流传的印花包袱皮是包袋的一种特殊样式；中国的傣族、苗族等许多少数民族，结合民族服装，都有自己独特的包袋图案装饰样式；欧洲有珠绣图案、十字绣图案、蕾丝图案的包袋装饰传统。与外套相配，包袋是服装文化中重要的服饰用品。

包袋通常结合定位图案样式，布局包身、包口、包带等纹样装饰；也有协调服装的图案，运用四方连续纹样装饰包袋。随着服装工艺和材料的不断更新，手绘、布贴绣、烫钻、镂刻、数码喷墨等工艺的运用，以及皮毛、皮革、塑料、涂层等新型材料，包袋材料包容了众多天然和人工制品，造型与图案也无所不包。与服装流行紧密结合，成为打造奢华产品的设计重点之一（图7-93～图7-100）。

·设计提示：突出图案的包袋设计，多与休闲风格或异域情调的服装所搭配，更烘托了生活情趣，为追求浪漫的女性所钟爱。

图7-93～图7-100：毛毡、刺绣、印花工艺结合花卉、动物、器具与蝴蝶结纹，以写实或写意的手法表现的各式包袋图案。

9. 晴雨伞图案

　　用于遮阳避雨的伞面上的图案。图案包括抽象、具象、传统、流行等类型，分连续纹样和定位图案两大类，连续纹样包括四方连续纹样和二方连续纹样；定位图案多以中心纹样和边饰纹样组成。晴雨伞的历史悠久，欧洲有蕾丝图案阳伞的传统，中国有手绘图案油纸伞、绸伞的传统，伞是各民族不可缺少的服饰用品。传统晴雨伞图案以花卉为主要装饰题材，追求图案大小适中，强调边饰的完整性；现代晴雨伞图案题材广泛，明星人物、卡通形象、绘画作品等流行题材都被刻画运用；儿童伞还突破了图案的平面性，以动物、仿生态等立体造型，给人全新的视觉体验（图7-101～图7-105）。

思考题、作业内容及要求

　　1. 查找和收集各类服装饰品与相关的图案设计，做整理与归类。

　　2. 任选一饰品样式做图案设计一幅，并附平面效果图与文字设计说明。要求整体设计新颖美观，体现时尚感。图案尺寸：饰品上图案实际大小；效果图尺寸：A4纸内表现。手法和套色不限。

101	102
	104
103	105

图7-101～图7-105：印花工艺表现的几何条纹、动物纹、人物手纹晴雨伞图案设计。

· 设计提示：近年来推出的儿童雨伞设计，对传统伞的造型做了很大的改变，以象形的自然型、卡通型的设计，给人全新的视觉体验。

第八章 服饰图案风格篇

题记："潮流不断在变，而风格永存。"
——[法] 时装设计大师夏奈尔

　　图案因服饰的风格在内容与形式上整体呈现了特有的艺术特征,具体表现在题材、造型、色彩、技法,以及工艺等因素中。与其他艺术门类一样,服饰图案在风格的作用下,也呈现出多样而丰富的艺术样式,反应了时代与社会风貌,以及文化与审美特征。其中有复古风、浪漫风、田园风、巴洛克风、洛可可风、哥特风、简约风、运动风、学院风、朋克风、波普风、混搭风、中性风、民族风等（图 8-1 ~ 图 8-3 ）。

左页图 8-1：手绘中国龙纹裙装设计，迪奥品牌。"镜花水月"中国风主题展、作者拍摄于美国大都会博物馆。

图 8-2、图 8-3：以渐变色块组合的服装图案风格样式。

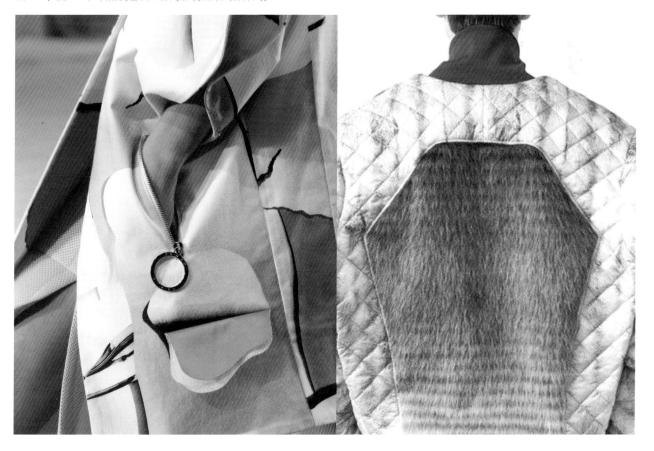

8.1 复古风图案

是对一些古典元素再运用与再表现，以呈现时尚与传统交融下的造型样式，打造出一种新时尚。运用动植物、人物、佩兹利、几何格纹等构成图案，强调表现古典中的严谨内敛，富丽而精良、平衡而内在等艺术特征。如巴洛克的华丽饱满的曲线形，洛可可典雅的花鸟纹，以及维多利亚时期的玫瑰与蝴蝶结等欧洲宫廷造型元素，还有中国传统云纹、凤鸟纹等，结合富有传统韵味的服装款式细节，运用印花、提花、刺绣等工艺呈现出一种对人类历史文化的新诠释，也透出一种都市人的怀旧情怀（图8-4）。

8.2 新浪漫风图案

源于19世纪欧洲的新浪漫风，继承了浪漫主义对感觉与想象的强调，摒弃理性刻板的思维，以抒发对理想世界的热烈追求。在夸张的服饰廓型中，结合大提花、丝绸印花，以及蕾丝、缎带和绢花的装饰，呈现丰富、个性、柔美、抒情式的造型样式，或华丽或温暖的中性色表现的花卉纹、格纹是代表样式。大裙摆、灯笼袖、羊腿袖的服装造型，是大单元图案的最佳载体。图案在造型上强调丰富细腻的刻画，良好的绘画功底是新浪漫风服饰图案设计的必要基础（图8-5、图8-6）。

图8-4：以花卉织物纹与飞蛾组合的复古风服装图案。
图8-5、图8-6：由印花、提花工艺表现的簇花组合的新浪漫风马丁靴、男装图案。

4 | 5 | 6

8.3 巴洛克风图案

运用巴洛克艺术特征进行设计的服饰图案。巴洛克源于 17 世纪的欧洲，以法国路易十四时代的宫廷服装为代表，后流行于欧洲的服饰艺术风格。原意为"变形的珍珠"，意为不合常规、怪诞、奇特，打破古典主义的均衡与完整，强调动感和光影效果，色彩艳丽对比、线条有力，呈现生气勃勃、气势雄伟、充满幻想的艺术风格。图案具体由石膏头像、花朵、棕榈叶、曲面、椭圆形、佩兹利等构成，结合质地考究的提花或印花衣料，大片的刺绣工艺，以呈现服饰艺术造型。缎带、荷叶边、蝴蝶结、华丽闪烁的项链，以及绢制高跟鞋依然是最有代表性的配饰（图 8-7、图 8-8）。

8.4 洛可可风图案

运用洛可可艺术特征进行设计的服饰风格图案。源于法国 18 世纪的艺术样式，造型受到东方文化特别是中国的陶瓷、家具、园林等艺术的影响，以路易十五时代的宫廷服装为代表，后流行于欧洲。图饰以 C 形、S 形、波浪形和漩涡形的曲线作装饰，采用非对称式结构，色彩淡雅柔和，表现出繁缛而华丽、轻巧而纤细的艺术风格。由贝壳、山石、藤蔓、蔷薇、丝带、曲线、漩涡形以及中国式亭台楼阁、秋千仕女、工笔画的花鸟、扇子、屏风、青铜器、龙、凤、狮子等构成图案。常见把图案印或绣于塔夫绸、缎、天鹅绒等衣料上，并添加金银线、蕾斯花边、缎带、羽毛、绲边和毛皮装饰，以体现奢华纤秀、幽雅精致、矫柔妩媚的艺术样式，在服饰中反复流行（图 8-9、图8-10）。

7	8
9	10

图 8-7、图 8-8：以暖金色调的镶嵌人物画、棕榈叶为题材的巴洛克风服装图案。

图 8-9、图 8-10：以风景印花与立体花饰表现的洛可可风服装图案。

8.5 维多利亚风图案

维多利亚风源于 19 世纪英国维多利亚女王在位期间形成的艺术风格，重新对古典的理性主义进行诠释，在材料与造型上注入新的寓意。几何纹、花卉果实纹、飞禽走兽纹、风景纹的细腻刻画，以绚丽而对比的色调，呈现多层次的装饰美与自然美的完美结合。蕾丝、细纱、荷叶边、缎带、抽褶与褶皱、多层次叠加等元素的运用，奢华、优雅，精致而庄重地成为服饰设计中的经典造型样式（图 8-11、图 8-12）。

8.6 田园风图案

着意表现带有乡村田园风味的服饰图案样式，为西方传统装饰图案样式。由色织条格纹、满底碎花、花束等构成主要图案，多采用黄色、棕色、靛蓝、黑白灰色等柔和淡雅的色彩。该织物设计在 18 世纪欧美已极具规模，有英式乡村风格、法式乡村风格、美式乡村风格等，映射出回归自然的情趣。乡村风格的图案多以粗棉布、灯芯绒、牛仔布等棉、麻、毛天然织物为材料，印花、织花、拼接、刺绣为主要工艺，皱褶、荷叶边、缎带为装饰，呈现出清新质朴、自然随意、温馨甜美、宁静和谐的平民气质，在自然和略带怀旧中追求一种浪漫的理想情愫，被广泛地运用在低领高腰女衫、斜裁长裙、围裙式着装等服饰设计中（图 8-13 ~ 图 8-16）。

图 8-11、图 8-12：以暖红色绘画印花、刺绣表现的维多利亚风服装图案。

图 8-13 ~ 图 8-16：以花卉、条纹印花实现的田园风图案。

11|12
13

8.7 中性风图案

　　不以传统观念中男女性别的差异，呈现出既有稳健、力量的阳刚美，也兼具贤淑、温柔的阴柔女性美的服饰图案，或说是介于男女性别之间的交叉点的服饰图案样式。中性风一直是时尚舞台的重要要素，性感的优雅，以及朦胧的暧昧感，成为都市人彰显性格特点的一种方式（图8-17～图8-19）。

　　黑、白、灰，以及金银色，因其中性的"性格"而成为中性风重要的色彩要素,而灰色更以微妙的各种色相营造出具有"中性"气息的图形样式。以"冷酷"的色彩，或以刚毅的线条呈现柔美的花卉，这种折中式造型无疑是对中性图案的一种表达方式。

14 | 15 | 16
17 | 18 | 19

图 8-17～图 8-19：以数码印定位花卉、抽象笔触的定位图案表现的中性风图案。

8.8 学院风图案

学院风是对过去的常春藤学院的服饰图案的再度演绎。以 polo 衫及青果领、开襟毛衫、牛仔裤或色彩灯芯绒裤、短裙、皮夹克等服装为特征，结合印花和织花工艺，运用法兰绒、斜纹织物和牛津布，配以斜纹领带、毛衣上肘部补丁、粗框眼镜，呈现出经典的苏格兰格纹、菱形纹，以及各式趣味格纹图案。而蓝、白、红三色为代表色，也可以结合拼接色块，诠释青春而朝气的校园时尚魅力（图 8-20、图 8-21）。

图 8-20、图 8-21：梭织与针织形成的苏格兰格纹与菱形格纹演绎的学院风图案。

8.9 运动风图案

非竞技与运动装，以运动样式打造的休闲服饰图案，具有简洁、舒适的特征，以明快的色块印花、拼接等硬朗的几何纹构成图案特点。PU、涂层、弹力等新型材料与传统材料的组合，呈现出剪裁合体而适合运动的服装服饰（图 8-22）。

24|25

8.10 简约风图案

简约风图案以凝炼的图案造型，结合干净利落的服装廓型，呈现出单纯而不简单的图案样式。这种减法式图案的表达方式，是顺应都市的繁杂、快节奏下的服饰消费心理。不追求过度的对比，去除繁琐的装饰，以比例、节奏、平衡的美感把握作为设计的核心，而简洁的图案更追求细节的精致与凝炼，以制作工艺形成的图案肌理是不错的呈现方式（图 8-23）。

8.11 宇宙风图案

受人类探索太空热潮影响的服饰风格图案。以直线大块面抽象几何形构成图案。源于 20 世纪 60 年代后期，以模仿宇航服装为特征，体现了人类对未知世界的遐想与探索精神。图案造型以钢硬简洁的几何形组合为主，结合闪光涂层、PVC等新型面料，利用光泽的银灰、通透的白、深邃的黑色调，以呈现光亮、变幻的神秘气息（图 8-24、图 8-25）。

图 8-22：几何相拼实现的图案呈现的运动风服装。
图 8-23：几何绗缝装饰块面呈现的不失细节的简约风服装图案。
图 8-24、图 8-25：新型材料下表现的裂纹与几何组合纹演绎的宇宙风服装图案。

26|27
28|29

8.12 哥特风图案

源自欧洲中世纪的哥特艺术，以神秘、奇特、阴森的艺术特质深受艺术家青睐，也表现在服饰品设计中。蝙蝠、玫瑰、乌鸦、十字架、黑猫、骷髅都是哥特风的代表纹样。黑色、紫色、暗蓝、深红等低明度的色彩、金属铆钉、银饰，以及人体刺青、染发等的点缀，更加强了其艺术个性。以皮革、PVC、橡胶等新型质地的面料，加以披肩、长手套等同样是哥特风重要元素的服饰品，以实现设计师对哥特风的艺术表达（图8-26、图8-27）。

8.13 朋克风图案

源自20世纪60年代，诞生于70年代的朋克风，最初以摇滚乐流行而受年轻人喜爱，后波及服装等艺术领域，在服饰图案设计中获得表现，成为80年代的另类时尚服饰潮流。朋克风的服饰一方面以华丽精致且整体色彩感十分强烈的形式，另一面以破碎与金属质地呈现整体服饰设计。骷髅、美女照片、皇冠、英文字母是主要纹样，配以水钻、亮片镶嵌、竖起的鸡冠头发型、穿鼻挂环、肌肤上的荧光粉等。在色调上最常见的有红黑、全黑、红白、蓝白、黄绿、红绿、黑白，其中以红黑搭配尤为经典，无不表达一种逆反下的标新立异精神（图8-28）。

8.14 街头风图案

源自街头音乐HIP-HOP的街头服饰图案。其继承了音乐的内涵，明快的几何纹、字母纹、骷髅纹、复古花卉纹，涂鸦或矢量化的表现，形成街头风服饰的主要样式。浓艳的高明度，乃至荧光色，对比式地表现在宽大的T恤、卫衣、牛仔等服装中，配以棒球帽、小方巾、铆钉，以及夸张的项链、手链，呈现出酷炫而带有野性的个性特征，深受年轻人青睐（图8-29）。

8.15 混搭风图案

混搭风，也称百搭风，指服装与服饰品整体以各种风格相异的样式混合组合形成的风格。其中包括图案从题材到造型上的差异，色彩的差异，材质的差异，款式的差异等要素呈现的对比性，以打破传统的着装模式的严谨与循规蹈矩。以随意、轻松、多样的对比呈现的混搭风服饰，更多传递的是当代都市人的生活态度与审美理念。混搭，是一种对设计元素的再选择与再组合，混搭风下的服饰图案，题材广泛。"混"并非无原则，表面的"混"内在却需设计师对对比要素的适度把握，以呈现形式多样下的"搭"——组合风貌（图8-30、图8-31）。

$\frac{30}{31}$

左页图8-26、图8-27：白色调下呈现的蝙蝠与骷髅、蕾丝与骷髅演绎的哥特风图案。
左页图8-28：红与黑色调下呈现的金属镶嵌纹饰，配以穿鼻挂环，以表现朋克风服装样式。
左页图8-29：牛仔上的手绘人物画，以表现街头风服装图案。
图8-30、图8-31：以热带植物、几何图像混合组合；不同色彩不同组合的抽象纹呈现的混搭风图案。

8.16 民族风图案

运用传统民族艺术特征进行设计的服饰风格图案。图案造型多样，以写实花卉、抽象几何纹构成。图案反映各民族的历史、文化、审美特性，是不同民族的服饰标志。如中国的蓝印花布图案、日本友禅纹、印度的纱丽纹等。

民族风格图案被赋予寓意和象征性，色彩浓郁对比，呈现质朴、热烈、健康的艺术气质。常见以二方连续的定位图案为特色，结合刺绣、手绘、扎染、蜡染、编结、梭织等手工艺表现样式，常见于许多服装设计师作品中，也是现代都市人追求个性与浪漫的服饰图案样式（图8-32～图8-36）。

图8-32～图8-36：以印花非洲图腾纹和部落人物纹，刺绣花卉纹、花与蝶纹以及对比色的扎经染折线纹、表现民族风图案。图8-36作者拍摄于美国商街。

拓展图案：波西米亚风图案

　　民族传统服饰图案样式。图案多以不规则的大朵花卉，多彩宽条纹等造型构成。波西米亚风格源于现捷克共和国的中西部，其融汇了多民族艺术形式，尤其是吉卜赛人的服饰艺术。图案结合了红色、驼色、咖啡色、金色、粉绿、黑白等对比浓郁的色彩，布局于领口、袖口、腰线、前衣片、裙底摆等部位，纯棉、粗麻、砂洗真丝等材质，以刺绣、拼接、镂空、褶皱为主要工艺，配以彩珠、亮片、羽毛、毛边、流苏、碎褶、荷叶边、蕾丝等装饰。表现出民俗、自由、浪漫、浓烈、繁复的艺术特性，被视为具有现代多元文化意识的艺术风格，为都市文化人喜爱，流行于服饰中（图8-37）。

拓展图案：中国风图案

　　运用中国艺术特征进行设计的服饰风格图案，是受中国艺术影响的欧洲服饰图案样式。由缠枝花、瓷器、假山石、屏风、鹦鹉、中国装束的人物等构成图案。来自法语"Chinoiserie"，出现于18世纪的法国，为洛可可的一种艺术表现。图案色调明丽，以富有中国工笔重彩的勾线、晕染等装饰手法，结合欧洲的审美，把中国的风情景致表现出来。配以锦缎、丝绸印花，结合盘花纽、立领、如意边饰、斜襟衫袄、开衩收腰旗袍，成为西方服装设计师追求东方情调的表现样式（图8-38、图8-39）。

思考题、作业内容及要求

1. 查找和收集不同风格的服饰图案，进行整理与归类。

2. 运用PPT手段完成服饰图案风格分析报告一篇，要求罗列出相应风格的具体造型和色彩特征。

图8-37：几何纹与佩兹利纹交错组合的波西米亚风服装图案。作者拍摄于美国商街。

图8-38：梅花与牡丹纹呈现的中国风图案。

图8-39：青花色调与印花扎经染纹呈现的中国风图案。

第九章 服饰图案工艺篇

题记："今天的技术已在它的产品中开始发挥一种内在的新的美，本身已带有艺术的特性。"
——[日]竹内敏雄《论技术美》

制作服饰图案的手段和方法，由印、染、织、绣构成。涉及材料、工具、技术等因素，图案表现因其不同而各具特色。因历史的发展和经济发展水平的提高，图案工艺从最初的家庭式手工发展到现代的高科技的印、染、织、绣，具有经济便捷，产量高，图案表现自由等特点。传统图案工艺因个性与精良的手工特点，获得了保留和继承。图案工艺包括手绘图案、扎染图案、蜡染图案、型版印花图案、刺绣图案、机印图案、数码喷墨图案、提花图案、针织图案等。服饰图案因工艺而获得最大限度的艺术表现，是服饰设计重要的环节之一（图9-1～图9-7）。

左页图9-1：利用梭织面料和刺绣工艺为装饰的服装图案。
图9-2～图9-7：一组以羊毛、麻、棉、丝材料实现的梭织与针织面料。

2	3	4
5	6	7

9.1 手工印染图案

手工印染是通过染料实现织物图案最古老的工艺方法，具有家庭作坊式的制作特征，流行于世界各地。图案因印染工艺的不同而变化多样，内容包括抽象与具象纹，因靛蓝为最普及染料，色调多以蓝白为特征。主要包括手绘、扎染、蜡染、型版印花、模具印花图案。手工印染图案因自然古朴与个性化，为现代都市人所喜爱，被应用于服装服饰设计中。

9.2 扎染图案

也称绞缬图案，一种古老的手工防染印花艺术。按图案设计的花纹形状，将面料进行捆、扎、缝、绞、折叠等，达到防染的目的，后入缸浸染，再抽去扎或缝的线，获得单色扎染图案；同一织物运用多次扎结和染色，可获得套色扎染。扎染图案以抽象与写意纹为特色，不同的扎染方式形成不同的图案效果，著名的扎染图案有鹿胎纹、小蝴蝶纹等。中国、印度、日本、柬埔寨、泰国、印度尼西亚、马来西亚、非洲国家等都有各具特色的扎染手工艺。在中国，扎染约有1500年的历史，唐代贵族有穿绞缬服饰为时尚之风，现今中国云南大理仍保留具有特色的扎染图案。扎染图案或古朴粗犷，或细腻有致，不可预测的渗化效果更使图案生动自然，流行于世界各地服饰设计中（图9-8～图9-17）。

9.3 蜡染图案

蜡染是一种古老的手工防染印花艺术。按图案设计的花纹形状，用蜡刀或笔，蘸熔蜡绘于布上，再浸染退蜡而成图案。蜡染图案内容多样，有花鸟虫鱼等具象纹，也有丰富的几何纹，浸染时龟裂的蜡产生自然生动的"冰纹"，是蜡染图案的特色之一。蜡染早在秦汉时期就有记载，到唐代得到了很大的发展，并有出土的蜡染实物衣裙。蜡染流传于东南亚、中国、日本、非洲等国，各具艺术特色，东南亚套色蜡染图案精细华美；中国的苗族蓝白蜡染图案古朴清新；非洲蓝白蜡染图案粗犷生动，被运用于各种传统服饰品设计中。

图9-8～图9-13：一组手工扎染表现的图案。作者拍摄于美国商街。

右页图9-14、图9-15：扎经染表现的图案。作者拍摄于美国商街。

右页图9-16、图9-17：棉布表现的扎染图案。作者拍摄于美国商街。

右页图9-18：一组蓝染图案面料。

右页图9-19～图9-21：一组模具图案。作者拍摄于印度珍珠时尚设计学院工艺室。

| 8 | 9 | 10 |
| 11 | 12 | 13 |

9.4 靛蓝染图案

利用天然蓝草为染料形成的织物图案，是传统手工印染的主要图案样式。靛蓝染图案以蓝白色为特色，通过染色遍数形成深浅变化的蓝色，获得层次，呈现出蓝底白花或白底蓝花的图形。靛蓝染有三千多年历史，中国的秦汉以前已普遍应用，古埃及人与古印度人也使用靛蓝做染料。多运用蜡染、扎染等工艺，中国著名的蓝印花布也是由靛蓝染形成的图案。靛蓝染图案质朴清新，蓝色柔和细腻，随洗涤由深变浅，呈现丰富的层次变化。靛蓝染图案多结合手工棉织布，广为应用于传统民间服装服饰品中（图9-18）。

9.5 凸版印花图案

是指在木制或钢制的模具表面刻出呈阳纹的图案，并蘸取色浆盖印到织物上的一种古老印花工艺。手工凸版的模板在尺寸上受到操作的体力限制，而面料的平挺与模板施压时位置的精准都是工艺的至关重要要素。凸版印花的每一个纹样都需要单独一个模板，在印制过程中，需要一套色版的色浆干后才进行下一套色的叠压，过程耗时耗力，却能获得绝佳的印花效果。凸版印花最早使用于新石器的彩陶纹样的绘制，至周代的印章、封泥，战国已用于织物图案，西汉出土的马王堆的花敷彩纱就是凸版印花与彩绘相结合。中世纪欧洲也开始了用模板直接在亚麻布上印花了，并被认为技术是在罗马时期从亚洲引进的，而印度的凸版印花技术则被共识为"伟大的艺术"。手工凸版印花工艺一直被沿用至20世纪，而滚筒印花、压花、烫花、转移印花都是在其原理与基础上发展起来的。印度、尼泊尔等国家至今仍保留了凸版模具印花，生产具有民族特色的图案面料（图9-19～图9-21）。

9.6 手绘图案

使用纺织品染料在织物上直接绘制图案，是最古老的在织物上表现图案的方法。手绘图案操作简单、见效快，有着机器染织工艺不可替代的优点，个体性制作，避免了产品机器生产的批量与重复。手绘图案分具象和抽象两种，具象形以日本的和服图案为代表，丰富细腻、装饰性强；也有结合织物渗化特性，追求中国写意画的运笔与意韵。抽象形以泼染等手法，充分发挥织物与材料特性，创造出多样的肌理效果。据史料记载，约在三四千年前的商周时代就有手绘的帷幄和服装，随着印染业的发展，逐步改进了手绘织物色牢度的问题。手绘图案色彩变化多样，或浓艳对比，或雅致谐调，多运用在丝绸等轻薄面料上，广泛应用于女性夏装长裙和围巾等产品中。传统手绘图案多在服装件料上完成图案设计，现也用匹料直接手绘，后裁剪制作成服装（图9-22、图9-23）。

·设计提示：传统手绘图案多以在服装件料上完成设计，而今也有用整匹面料来进行手绘后再裁剪制作成服装，图案多以泼染抽象的表现形式，色彩则艳丽对比，十分适合用来制作女性长裙。

图9-22、图9-23：手绘表现的服装图案。

22	23	24
25	26	27

9.7 机印图案

通过机器将染料作用于织物而形成图案的工艺。具有经济、便捷、高效、方便洗涤等特点，是生产批量图案面料最为常见的工艺之一。图案造型自由逼真，色彩艳丽，可以较直观地再现设计师的图案创作。机印图案主要包括丝网印花、滚筒印花、转移印花、数码喷墨印花等不同种类。机印图案设计涉及图案的连续与接头，避免图案的色档与保证图案的整体连贯性，是传统图案设计师必备的功底，现今电脑软件提供了很大的便利，手绘与电脑技术的结合，是今天设计师最多采用的图案设计方式。机印图案占服装图案面料中的重要地位，广泛地运用于女性夏装、男性衬衫、童装、家居服、方巾等多种服装服饰品中（图9-24～图9-27）。

9.8 数码印花图案

通过电脑直接喷印于织物而形成的图案。由电脑软件直接设计图案或通过手绘后扫描，经数据处理，直接喷墨输出，完成面料印花。数码喷墨印花具有占地面积小、环保等优点，减少了传统印花分色、制版等环节。图案表现自由灵活，不受传统印花的套色限制，可再现照片与高度写实的图案。20世纪90年代开始广泛运用在纺织品上，图案设计通过软件对图形处理灵活，接头、换色便捷，以方便远程订货、交货快、批量小、品种多、花色多、精度高、色彩艳丽为特点。适用于企业面料打样、设计师的小型设计制作，也是高等院校纺织服装设计专业学生毕业设计作品选择的印花工艺，具有广阔的发展前景（图9-28、图9-29）。

·设计提示：机印图案设计的接版涉及图案的接头与连续，如何避免图案的色档与保证图案的整体连贯性，是传统图案设计师必备的功底，而现今电脑软件提供了很大的便利。手绘图案与电脑技术的结合，是今天设计师最多采用的设计方式。

左页图9-24～图9-27：机印压花在皮革上表现的图案。作者拍摄于美国 Mood 面料城。

$\frac{28}{29}$

图9-28、图9-29：数码印花表现的服装图案。上图为作者拍摄于美国商街。

9.9 植绒印花图案

现代特殊印花工艺。按图案设计的花纹形状，在织物上运用黏合剂与静电原理，将毛屑、棉屑等纤维微粉植于布面而形成图案的织物。图案主要以表现毛皮纹样、抽象色块或装饰块面感的具象纹。图案具有外形突出、色彩简洁、造型浮雕化、肌理丰富等特色。广泛地运用于人造皮革、人造纤维等织物上的植绒印花，可作为外套、鞋面等服装服饰用品的装饰用布（图9-30）。

9.10 烂花图案

现代特殊印花工艺。按图案设计的花纹形状，在织物上运用侵蚀性酸液化学药品加工，使织物的不耐酸部分纤维溶解腐蚀，形成绢筛网透明与耐酸纤维对比的凹凸质地，以表现花型。烂花图案多表现面积大小适中、装饰性强、外形简洁的花卉或抽象图案，烂掉的纤维部分既可为正形，也可以为负形，具有图形立体、色调单纯、手感柔软、质地丰富、优美浪漫等特点。烂花织物有涤纶与棉纤维、涤纶与黏胶纤维等品种，广泛地应用于夏季男女服装、围巾与传统手帕等产品中。

9.11 梭织图案

以纱线经纬交织出的图案。经纬材质、组织和色彩的变化形成种类繁多的图案，不同民族、地域各具不同风格样式的机织图案。机织面料可追溯到距今约5630年的中国仰韶文化遗址的炭化丝麻织物、埃及出土的公元4500年前的实物亚麻残片，汉代的已能织造出精美华丽的云气纹、动物纹、文字等图案；在西方，18世纪织造出著名的佩兹利纹披肩，以及距今1700年的苏格兰格呢；中国近现代的有民间色织条纹图案和都锦生的绘画感的织锦图案，还有各地丰富的民族织锦图案。机织提花组织的图案，花型种类多样，表面可形成浮雕感，以精美华丽为特色，常用于高档女装设计中；工整而规律性强的几何色织图案面料多用于男装设计中。机织图案由于制作工艺的复杂性，图形的面积、排列、造型、色彩都受一定制作工艺的限制，现代机织图案更多强调造型与材料、组织的创新结合，追求肌理丰富的图案样式，以适应更广的服装服饰设计需求（图9-31~图9-35）。

图9-30：植绒工艺表现的服装图案。作者拍摄于美国商街。
图9-31~图9-33：提花工艺表现的图案。作者拍摄于美国大都会博物馆。

9.12 针织图案

把形成线圈的纱线，经套圈连接成图案织物，分纬编与经编两种。针织图案配色遵循针织的换线原理，最易表现条纹、格纹等抽象图案，而具象图案多以外形规整、块面性强的装饰感图形为特征，可生产重复性强的的连续纹样与独立的单独纹样。针织始于16世纪末，最初用以织造袜子，后扩展到服装领域。随着现代针织材料和工艺的发展，从内衣逐渐扩大到各种服装服饰甚至时装设计中，图案也获得了很大发展，呈现精巧细腻、自然温情的气息（图9-36~图9-39）。

拓展图案：手工编结图案

又称手工针织图案。运用纺线编结的服饰用品图案。图案内容和样式十分广泛，以针法变化形成凹凸或镂空的抽象图形；也可以通过纺线的色彩变化形成具象或抽象的平面图形，灵活多变，可表现连续或单独图案。手工编结衣裙的技术古老而悠久，中国最早出土的手工编织物距今有2 000余年。16至17世纪意大利文艺复兴时期的佛罗伦萨以编结服装著名，英国都铎王朝时期，有为贵族编结衣物的宫廷工厂。19世纪中叶编结服装工艺传入中国，英商在上海开办绒线厂，绒线编结在中国传播开来，图案形式也极其多样。手工编结图案操作简便自由，是非专业人士易掌握和操作的服饰装饰手段，至今在许多国家仍保留手工编结衣服的习俗。编结服饰质地厚实、弹性好，手感柔软舒适，传统的编结图案多用于乡村服饰、休闲服饰或童装、帽子、围巾等设计中，现代材料和工艺赋予编结图案更多样的视觉特征，被广泛地运用于各种服装服饰产品中。

·设计提示：现代机织图案设计十分追求利用材料和组织间的变化，以舒适的手感为前提，来实现视觉的创新要求。

左页图9-31、图9-34、图9-35：梭织提花工艺表现的服装图案。作者拍摄于美国商街。
图9-36~图9-39：针织工艺表现的服饰图案。

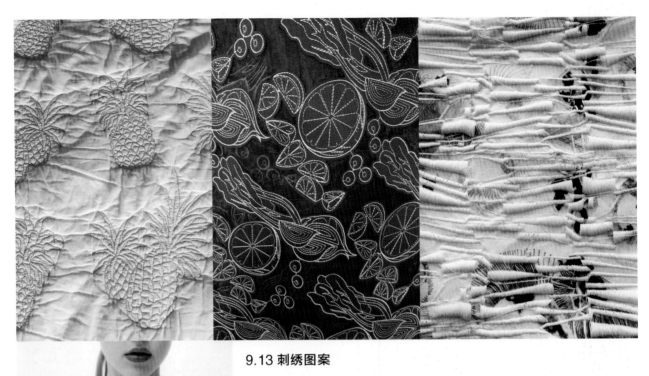

9.13 刺绣图案

又称针绣图案、丝绣图案。按图案设计的花纹形状，用针将丝线施于织物，以绣迹形成图案。刺绣图案因针法和配色的不同，加上地域与文化的不同，形成造型立体、风格迥异的图案。刺绣图案是人类古老的服饰装饰手段，在中国四千年前就有章服制度的"衣画而裳绣"，汉唐绣业高度发展，宋代刺绣服装在民间广为流行，明代刺绣已成为表现力极强的艺术手法，产生了苏、粤、湘、蜀 四大名绣。图案内容多为寓意吉祥，设色与针法各具特色。在欧洲，源自东方的刺绣也获得了蓬勃的发展，期间经历了以教会和宫廷为中心的刺绣黄金期、罗马、哥特、文艺复兴、巴洛克、罗可可，以及工业革命时期，使欧洲刺绣艺术呈现精致华美的艺术气质，与欧洲民间刺绣的稚拙艳丽形成对比。刺绣图案主要包括手工绣和机绣图案。刺绣较印花等工艺，图案与服装结合更为紧密与自由，定位图案是刺绣最为常见的图案表现样式。传统刺绣图案以服装袖口、衣领、裙边、门襟等为主要装饰部位，现代刺绣图案则以个性为特征，手段与样式灵活多变，呈现精致奢华或粗犷野性的两种极端服饰风格，成为当今流行服饰装饰工艺之一（图9-40、图9-41）。

拓展图案：手工刺绣图案

不借助机器完成的刺绣图案，是人类古老的服饰图案装饰手段。刺绣的针法极其丰富而变化无穷，有平绣、错针绣、乱针绣、网绣、锁绣、盘金绣、打籽绣、补绣、挑花绣等，不同的针法表现的图案各具特色。手工刺绣图案造型立体、细腻精致，传统以写实图案结合丝绸为主要样式，现今在造型和面料方面都有了很大的拓展，是民族服饰与高档服饰品长期运用的一种装饰图案（图9-42～图9-45）。

40	41	42
43		
44		

图9-40、图9-41：机绣工艺表现的服饰图案。作者拍摄于美国商街。

图9-42～图9-44：手工刺绣工艺表现的服装图案。

图 9-45：手工刺绣工艺表现的服饰图案。

图 9-46 ～图 9-48：手工珠绣工艺表现的服装图案。

$45\left|\dfrac{46}{47|48}\right.$

9.14 珠绣图案

用针穿缝珠表现的图案造型。图案内容多样，由古人的果禾、贝壳装饰服饰习俗发展而来，在非洲、太平洋岛屿地区以及中国的侗族、苗族等服饰中均有表现，分小面积点缀式的半珠绣和全珠绣两种。珠绣材料经光线折射，色彩晶莹绚丽，图案呈现凹凸立体、细腻秩序的装饰样式。材料以多色、大小与形状各异的玻璃珠、木珠、电光片等形成图案的造型与层次，是高级女装、舞台装等常见的图案装饰手法。现代珠绣也用于印花图案中，用珠绣勾勒花型，使图案精致而凸显造型，广泛地运用于富有浪漫气息的休闲服饰设计中（图 9-46 ～图 9-48）。

·设计提示：刺绣较印花等工艺，图案与服装结合更为紧密自由，定位图案是刺绣最为常见的图案表现。刺绣图案因针法和配色的不同，可以游离在精致奢华和粗犷野性的两个极端风格间，成为当今追求个性时代最流行的工艺之一。

9.15 绗缝图案

是指为了固定多层重叠织物或织物的填充棉而平缝留下线迹，形成的装饰性图案，是世界各地民间的一种传统工艺，用于棉衣、夹袄等衣物及家居用品。其源自对织物的固定及增强牢度等功能，同时产生的线迹也形成其图案的表现样式。绗缝图案以有序、质朴、细腻为特征，数百年来经久不衰，成为欧美、日韩等国家纺织用品的经典工艺，用于家纺和家居服、包袋等服饰品设计（图9-49、图9-50）。

9.16 贴布绣图案

又称补花绣图案。将布按图案形状剪好，手缝或机缝将其表现于服饰品上，构成图案。图案以块面感的抽象和具象形象为主，轮廓分明，简洁大方。可以利用色布和纹样细密的印花布组合贴绣成图形，也可在贴布内放入垫料，增强图形的立体感。图案多以单独纹样形式，装饰于上衣的后背、前襟、领角、裙摆、裤脚等部位，膝盖、袖肘的贴布绣还兼具增强牢度的功能，常见于童装和家居装设计中，也是现代牛仔等休闲服饰的常用装饰手段（图9-51、图9-52）。

49	50
51	52

图9-49、图9-50：绗缝工艺表现的服装图案。
图9-51、图9-52：贴布绣工艺表现的服饰图案。图9-52作者拍摄于美国商街。

9.17 蕾丝图案

音译名，又称花边图案，欧洲的传统图案工艺。以网眼为特征构成的织物图案，是传统的服装辅料装饰品。图案内容多以植物花草和抽象装饰纹构成。公元4至5世纪的古埃及墓葬中便有类似蕾丝的织物，中世纪欧洲蕾丝生产集中于修道院，17世纪为欧洲蕾丝生产的鼎盛期，以比利时、法国、意大利的手工蕾丝最为著名。19世纪英国发明蕾丝织机，欧洲手工蕾丝开始衰落。蕾丝图案以疏密有致、精致繁复为特征，色彩单纯古雅，白、米黄是传统主要用色，现代蕾丝扩展到黑与其他色彩。传统以手工棒槌、梭结、针绣、贴花、刺绣、雕绣、抽纱等不同工艺形成蕾丝图案，现代蕾丝图案主要以机器织造为主。材料从传统的棉、亚麻、真丝发展到今天的尼龙等合成材料，质地与手感也多样化。传统蕾丝图案主要用于女性婚纱、时装以及内衣等服饰的装饰，多出现在裙边、领口、袖口等部位；现代蕾丝图案面料改变了以往辅料的单一功能，成为一些服装服饰的主要面料，与绸缎、雪纺、薄纱、牛仔布、毛皮等搭配，多应用于晚装等华丽或前卫的服饰设计中，更是"透明装"的流行图案（图9-53～图9-55）。

9.18 抽纱绣图案

又称花边抽绣，刺绣图案的一种工艺。以亚麻布或棉布为材料，按设计抽去部分的经线或纬线，用扣针锁绣图形轮廓，形成镂空的装饰图案；还可运用细纱编结、雕绣和挑补花等形成图案。花型多以花卉、果实为主，结合经纬线的格状抽象装饰纹构成图案。抽纱工艺源于意大利、法国等欧洲国家，由民间刺绣发展而来，19世纪末传入中国，并发展成具有中国民族特色的抽纱绣图案，有著名的烟台抽纱绣。抽纱绣图案底布多结合同色相针绣线色彩表现图案，图形轮廓分明、细密有致，具有精致典雅的艺术特质。多以定位图案的样式表现于女性夏装、睡衣、内衣以及手帕等服饰产品中。

图9-53：经典白色花边一直是流行不衰的服饰装饰辅料。作者拍摄于纽约Mood面料城。

图9-54、图9-55：运用绣花工艺与经编工艺表现的蕾丝服装图案。

$\frac{53}{54|55}$

·设计提示：蕾丝图案设计十分讲究图案的疏密编排，其可以通过图案本身的结构来表现，也可以通过蕾丝图案在整体服装上的布局来实现——如服装的局部采用蕾丝图案，起到画龙点睛的艺术效果，同时也降低了服装成本，此外还能避免蕾丝图案带来的"暴露"尴尬，是常见的一种设计方法。

9.19 二次面料设计图案

56│57│58
59│60│61
62│63

二次面料图案是对现成面料的形态、造型、材料、组织、结构、肌理等进行再设计与表现。强调创造性思维施加于面料的综合视觉表现，图案造型融于面料的组织结构中，多以抽象而肌理丰富的样式呈现设计。主要创作手段有：印染、褶皱、磨刮、撕扯、抽纱、镂空、拼贴、刺绣、补缀等，以表现出全新的面料图案，具有很强的个性特征，也是21世纪以来设计师最为热衷的创作样式之一。

·设计提示：面料的二次设计以多样的手段和工艺，使作品整体设计更趋向创意和前卫感，是现代服饰品设计的重要趋势，这种不拘传统概念的设计，仿佛使设计师的灵感插上了自由的翅膀，为图案设计打造了一片全新的天空。

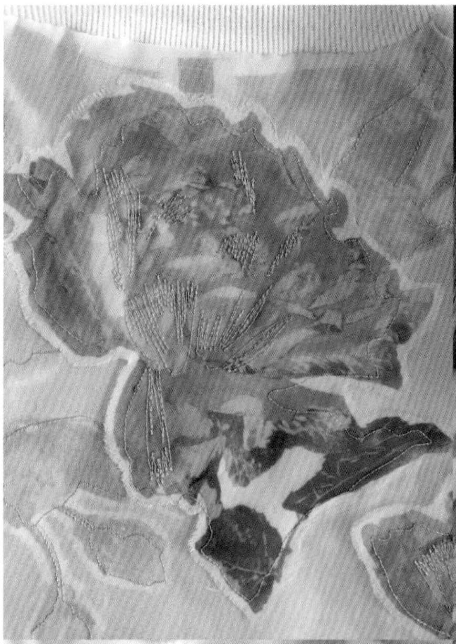

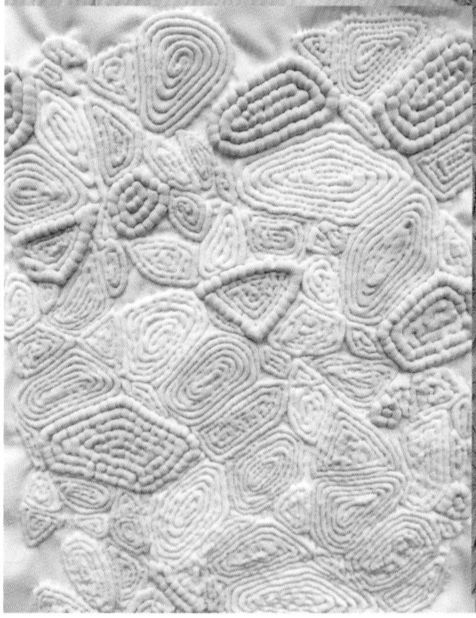

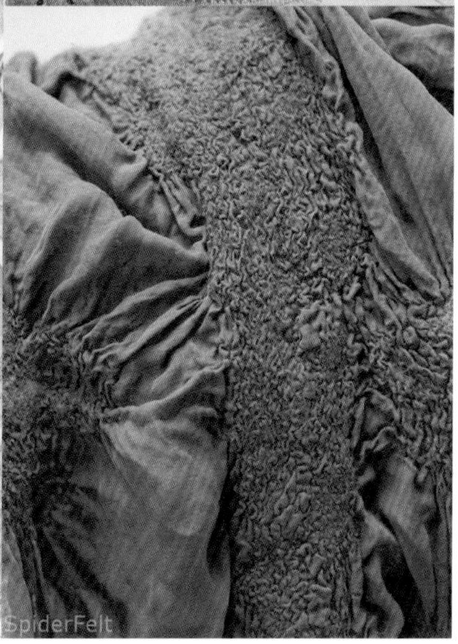

左页图 9-56：褶皱工艺表现的不规则纹理的牛仔裤。作者拍摄于美国商街。

左页图 9-57、图 9-59：规则褶皱表现的几何图案。作者拍摄于美国商街。

左页图 9-58：表面 pvc 材料形成的立体装饰图案。

左页图 9-60：拔染工艺在针织面料上呈现的图案。

左页图 9-61：用布带编织的装饰图案局部。

左页图 9-62、图 9-63：抽褶、牛皮印花表现的面料图案。作者拍摄于美国商街。

图 9-64：印花面料与欧根莎叠加并饰以针绣的服装装饰。作者拍摄于美国商街。

图 9-65：欧根莎与针扎工艺表现的图案。张翼设计。

图 9-66：电脑绣花加烂花工艺表现的图案。

图 9-67：多样针法表现的刺绣图案。

图 9-68：抽褶绣表现的不规则纹理装饰。

思考题、作业内容及要求

1. 查找和收集各类工艺表现的服装饰品图案设计，进行整理与归类。

2. 结合自己设计的图案，尝试工艺表现技法，完成一件小型服饰品的图案设计。要求图案与工艺结合紧密恰当，时尚而富有美感。

·提示：可利用现成的布鞋、腰带、布包、T 恤等小件服饰品来完成设计。

155

第十章 服饰图案的效果图表达

题记："设计是一种永恒的挑战，它要在舒适和奢华之间、在实用与梦想之间取得平衡。"

——美国时装设计师唐纳·卡兰

　　服装效果图的绘制与表现是每一款服装设计必要的环节，不但是对款式的设计表现，也是对面料中图案运用的呈现。图案在效果图中的表现，需清晰传递图案的造型样式：四方连续、二方连续，或是单独定位纹样，图案的布局、大小的准确性是重要的表达要素（图 10-1 ~ 图 10-4）。

左页图 10-1：命题设计——"当日本能剧遇到西方宫廷艺术"，设计者选用具有日本风格的图案样式，结合西方宫廷服装的廓型演绎了这一主题的图案与服装效果图的表现。Cher 提供（美国纽约时装学院服装设计专业课程作业）。

图 10-2 ~ 图 10-4：命题设计——"为夏奈尔设计一个系列女装"，设计者选用夏奈尔的经典款面料——斜纹软呢，并结合了格纹的图案表现，以及夏奈尔的服装廓型。Cher 提供（美国纽约时装学院服装设计专业课程作业）。

2 | 3 | 4

5

图10-5～图10-7: 命题设计——"以伊尔莎·斯奇培尔莉(Elsa Schiaparelli, 1890-1973)为例，为昔日的辉煌典范品牌设计一组系列服装"，设计者吸取了伊尔莎·斯奇培尔莉的经典设计元素，以甲虫为主题图案装饰，设计了一组秋冬款女装设计。作者运用色粉、彩铅、水笔等材料以手绘的效果图，结合电脑的版面处理，以较写实的装饰风格，唯美的人物动态刻画，呈现了主题图案——甲虫的不同动态变化，结合单独纹样格式、四方连续格式，以及定位图案的布局格式，表现了印花、手工烫钻、拼贴等平面与立体的图案样式，使主题图案成为服装系列设计的亮点。Cher 提供（美国纽约时装学院服装设计专业课程作业）。下图为设计效果图及斯奇培尔莉的原设计。

6

158

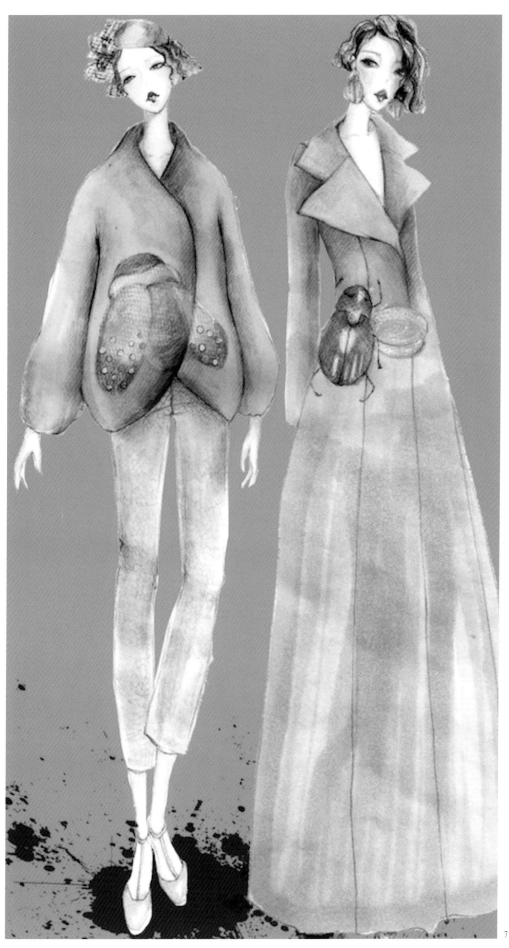

设计背景：出生于意大利罗马的伊尔莎·斯奇培尔莉，被公认为20世纪最有名的服装设计师之一。斯奇培尔莉结合了当时最为离经叛道的达达主义和超现实风格，以新艺术形式向传统审美发起冲击。其想象力和创新精神，甚至是古怪充斥着斯奇培尔莉的设计，因而被誉为前卫时装的开山始祖。1927年，斯奇培尔莉在巴黎开设第一家时装屋，几年后年利润达一亿二千万法郎，拥有26个工厂和2000多名雇员，并在美国也获得了巨大的成功。第二次世界大战后，斯奇培尔莉关闭了时装屋。她曾写道："如果风将你的帽子吹走，你必须要跑得比风快，才能将它拾回。"今天，Tod's集团的老板迪雅哥·迪拉·维利 (Diego Della Valle)将斯奇培尔莉买下，希望对品牌进行重建，更有纽约大都会博物馆 "不可能的对谈"为主题，用展览将斯奇培尔莉与Prada联系，为其重回公众视线做下铺垫。时代周刊曾经献给斯奇培尔莉的这句颂词："不依赖于强调手工艺，而是讲求创意灵感"。在斯奇培尔莉的作品中，有龙虾纹、达达风格的脸孔画、昆虫立体图案以及东方风格的印花、耀眼的荧光粉红、茶匙形的西服翻领等经典图案表现，成为一个时代的典范。

7

"弗里达·卡洛"女装系列设计（图10-8～图10-10）。主题图案由弗里达·卡洛写真肖像纹、花卉纹、锯齿纹等构成，运用数码印花、针织、蕾丝、拼接、褶皱等工艺，以及纱、缎、人造皮草等多样质感的面料，烘托主题图案。Cher提供（美国纽约时装学院服装设计专业课程作业）。

设计背景：

弗里达·卡洛，20世纪初墨西哥女画家，因小儿麻痹症以及严重的车祸带来身体上的病痛而导致其精神上独特的表现。弗里达以自画像为创作母题：

两条浓密的眉毛下的大眼睛，黑色的长发，墨西哥民族服饰，以及宠物和葱翠的蔬菜环绕，成为弗里达的图像符号。作品呈现出强烈的色彩，给写实的图像注入了幻想与超现实性，表现出画家奔放不羁的艺术张力，以及对悲剧人生的哲学思考。

FRIDA KAHLO

10

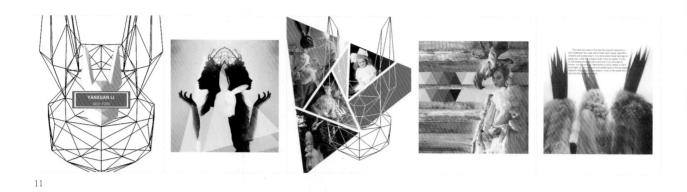

11

12

13

14

　　"爱丽丝漫游仙境"女装系列设计（图10-11～图10-14）。主题图案以爱丽丝、兔子、精灵、以及条纹、点纹、蕾丝花卉等构成，运用蓝与黄的经典对比色，以及趣味夸张的服装廓型，将这一经典童话演绎出时代的新韵味。在效果图表现上，背景的兔纹循环图案有效地加深和强化了主题。值得一提的是，设计师不局限在图案的平面表现上，兔子头饰造型以及蝴蝶结、花边造型等也是整体设计中不可或缺的表现要素。Cher 提供（美国纽约时装学院服装设计专业课程作业）。

15|16|17

　　图10-15～图10-17：一组灵感来自中国传统皮影纹的泳装系列设计效果图及皮影戏图片。作者运用色粉、彩铅、水笔为材料的手绘效果图，结合电脑的版面处理，以较写实的装饰风格，服装图案的细节刻画，呈现了从灵感源中提炼的涡形纹、双喜纹等抽象纹饰，进行款式的定位面积图案表现。以极具中国特征的暖红色系，采用四方连续纹样、二方连续式纹样，以及印花、刺绣、蕾丝的工艺结合，呈现出图案与款式的效果图表现。Cher 提供（美国纽约时装学院服装设计专业课程作业）。

参考文献

[1] 张渭源，王传铭 . 服饰辞海 [M]，北京 : 中国纺织出版社，2011.1

[2] 吴山 . 中国工艺美术大辞典 [M]，江苏 : 江苏美术出版社，2011.1

[3] 汪芳 . 衣袖之魅——中国清代挽袖艺术 [J]，北京 :《美术观察》，2012-11

[4] 陈娟娟 . 中国织绣服饰论文集 [M]，北京 : 紫禁城出版社，2005.6

[5] 赵丰 . 中国丝绸艺术史 [M]，北京 : 文物出版社，2005.6

[6] 汪芳 . 中国传统服饰图案解读 [M]，上海 : 东华大学出版社，2014.5

[7] 德鲁塞拉·柯尔主编 . 世界图案 1000 例 [M]，上海 : 上海人民美术出版社，2006.1

作者简介

汪芳，女，1987 年毕业于中国美术学院，现任东华大学服装艺术设计学院副教授，硕士研究生导师，服装艺术设计系主任。

著有染织服装类十余部教材书籍，多篇论文发表于《装饰》《美术观察》《新美术》《丝绸》等杂志以及国内外会议文集。